COMPTE RENDU

DES SÉANCES

DU CONGRÈS VITICOLE

INTERNATIONAL

TENU A MONTPELLIER EN OCTOBRE 1874

(Extrait du *Messager agricole*)

MONTPELLIER

IMPRIMERIE CENTRALE DU MIDI

RICATEAU, HAMELIN ET Cie

Éditeurs du *Messager agricole du Midi*

1874

COMPTE RENDU

DES SÉANCES

DU CONGRÈS VITICOLE

INTERNATIONAL

TENU A MONTPELLIER EN OCTOBRE 1874

(Extrait du *Messager agricole*).

MONTPELLIER

IMPRIMERIE CENTRALE DU MIDI

RICATEAU, HAMELIN ET COMP⁰,

Editeurs du *Messager agricole du Midi*

1874

COMPTE RENDU

DES SÉANCES

DU CONGRÈS VITICOLE

INTERNATIONAL

TENU A MONTPELLIER, EN OCTOBRE 1874

SÉANCE D'INAUGURATION

DES CONGRÈS DE SÉRICICULTURE ET DE VITICULTURE

(26 octobre. 1874)

PRÉSIDENCE DE M HALNA DU FRÉTAY

La séance est ouverte, à dix heures du matin, par l'allocution suivante de M. Halna du Frétay, inspecteur général de l'agriculture, délégué par S. E. M. le Ministre de l'agriculture et du commerce, empéché, à son grand regret, de venir inaugurer en personne les séances du Congrès :

« MESSIEURS,

» Le Gouvernement ne pouvait rester indifférent à la réunion, sur le sol de la France, d'une assemblée où les savants et les représentants de diverses contrées s'étaient donné rendez-vous, pour discuter des questions agricoles et économiques qui intéressent à un si haut degré la prospérité des États.

» M. le Ministre de l'agriculture et du commerce, — dont la sollicitude s'est depuis longtemps émue des épreuves que traversent deux de nos principales industries agricoles, jadis si prospères, — avait résolu de venir inaugurer vos travaux, auxquels il attache le plus haut intérêt. Il avait à cœur de répondre à de pressantes et gracieuses sollicitations, et de souhaiter la bienvenue aux étrangers qu'unissent à nous tant d'intérêts communs et de sentiments d'affection.

» Retenu à Paris par des circonstances indépendantes de sa volonté, M. le Ministre a daigné me confier la mission de le représenter à cette solennité et de vous exprimer ses regrets.

» Messieurs les membres du Congrès séricicole,

» Goritz, Udine et Rovereto, sont trois noms que vos travaux ont désormais rendus célèbres, et il est particulièrement flatteur pour la France d'avoir vu consacrer, dans ces assises scientifiques, les découvertes d'un de ses plus illustres savants.

» La France s'honore de donner, à son tour, asile au quatrième Congrès séricicole international, dont les conséquences, je n'en doute pas, seront fructueuses pour l'avenir de la sériciculture.

» M. le Préfet tient à vous dire le prix que le département de l'Hérault et la ville de Montpellier, cet antique foyer des sciences, attachent à avoir été désignés pour être le siége du Congrès.

» Messieurs les membres du Congrès viticole,

» Inspirés par une généreuse pensée qui ne restera pas inféconde, vous avez voulu joindre vos efforts à ceux de vos collègues du Congrès séricicole, et vous unir à eux, dans un commun labeur, pour rechercher les moyens de lutter contre une calamité circonscrite, hier encore, au midi de la France, aujourd'hui disséminée sur plusieurs points de l'Europe.

» Un vaste champ est ouvert à vos études. Vos travaux, dirigés par l'homme éminent dont le nom est sur toutes les lèvres, constituent déjà une espérance pour les viticulteurs menacés ; ils seront un encouragement à une résistance dont l'exemple a, du reste, été donné par des hommes distingués que j'aperçois dans vos rangs.

» Croyez, Messieurs, que le Gouvernement ne négligera rien pour faciliter l'application des solutions pratiques qui ressortiront de vos discussions.

» Je considérerai toujours comme le plus précieux souvenir de ma carrière agricole et administrative l'honneur d'avoir été près de vous l'interprète et le représentant du gouvernement français, aux plus graves préoccupations duquel répondent les travaux que vous allez entreprendre. » (Vifs applaudissements.)

M. le Préfet s'est ensuite exprimé ainsi :

« Messieurs,

» Au nom du département de l'Hérault, je veux souhaiter la bienvenue aux hommes éminents qui viennent honorer le Congrès de leur précieuse collaboration.

» Notre Midi est à la veille de voir tarir les deux plus abondantes sources de la prospérité publique. De riches contrées, auxquelles un ciel privilégié a donné le vin et la soie, sont menacées dans leurs principales récoltes.

» L'agriculture française a poussé le cri d'alarme ; ce cri a été entendu de tous les points de notre territoire, et il a trouvé un sympathique écho au delà de nos frontières.

» C'est ainsi que se sont organisées les grandes assises de la science que nous inaugurons aujourd'hui. Dans sa sollicitude pour nos intérêts agricoles, M. le Ministre de l'agriculture et du commerce désirait présider lui-même cette solennité ; mais, empêché par des devoirs plus impérieux, il ne pouvait mieux déléguer ses pouvoirs qu'à l'honorable Inspecteur général, désigné au choix du gouvernement, plus encore par sa science et son talent que par sa haute situation officielle.

» Nos populations méridionales, Messieurs, vont suivre vos travaux avec un fiévreux intérêt. Elles savent que c'est pour les préserver de la ruine que vous venez mettre en commun vos lumières. Elles s'attendent à ce que de vos efforts combinés va jaillir l'étincelle qui fera luire à leurs yeux l'espérance.

» Aussi ne suis-je que l'interprète de leurs sentiments, en vous remerciant en leur nom, Messieurs ;

» En remerciant ces chercheurs infatigables autant que distingués, qui, dans notre Languedoc, luttent avec un persévérant courage contre l'invasion du fléau dévastateur ;

» En remerciant les éminents agronomes accourus des diverses régions de la France pour nous porter les résultats de leurs études et de leur expérience ;

» En remerciant les savants illustres qu'ont délégués vers nous des nations voisines et amies, nous sommes honorés et heureux de leur offrir notre hospitalité. Outre que leur présence est une garantie de succès pour le Congrès, dont elle éclairera les travaux autant qu'elle en relève l'éclat, elle nous créera de nouveaux liens de cordialité avec des nations déjà unies à la France par la communauté des intérêts. » (Applaudissements prolongés.)

M. Gaston Bazille, président de la Société d'agriculture de l'Hérault, a pris enfin la parole en ces termes :

« MESSIEURS,

» Je n'ai jamais mieux apprécié qu'aujourd'hui le titre de président de la Société d'agriculture de l'Hérault et de président du Comité d'organisation de nos Congrès internationaux, puisque c'est à ce double titre que je dois l'unique moment de vous souhaiter à mon tour la bienvenue.

» C'est avec joie, c'est avec fierté, que nous recevons dans nos murs tant d'hommes éminents, tant de savants illustres. Ce jour, nous l'inscrirons dans nos annales agricoles comme un jour heureux et marqué d'une pierre blanche.

» Soyez les bienvenus, vous, nos compatriotes, accourus de tous les points du pays pour nous aider à combattre les terribles fléaux qui désolent notre agriculture méridionale.

» Soyez les bienvenus, croyez à notre vive reconnaissance, vous tous qui, nés sous d'autres cieux, venez si généreusement nous faire profiter du résultat de vos beaux travaux et de vos savantes recherches.

» Nous en sommes certains, lorsqu'à Rovereto, il y a deux ans, vous choisissiez Montpellier comme le siége du quatrième Congrès séricicole, vous nous donniez déjà un premier témoignage de sympathie.

» Aujourd'hui, vous ne venez pas seulement prendre part à des conférences scientifiques; vous avez aussi voulu, par votre présence, montrer qu'il y a toujours, quoi qu'on en dise de l'autre côté des Alpes, des hommes qui pensent à la France et des cœurs qui battent à l'unisson des nôtres.

» Aussi nous, les enfants de cette noble France, qui l'aimons, qui la chérissons d'autant plus qu'elle a été, bien sans sa faute, plus malheureuse et plus meurtrie. Ah ! nous sentons tout le prix de votre affection, et non des lèvres seulement, mais du plus profond de notre cœur, nous crions à tous : Voici nos mains ! soyez les bienvenus. » (Applaudissements prolongés.)

L'Assemblée, par des applaudissements répétés, témoigne successivement à chacun des orateurs combien elle est en communauté de sentiments avec eux et combien elle est heureuse de recevoir des hôtes aussi distingués et des savants aussi éminents venus de tous les points de la France pour venir prendre part aux travaux des Congrès viticole et séricicole.

L'Italie, l'Autriche, le Brésil, la Suisse, ont délégué leurs Professeurs les plus renommés et les praticiens les plus éclairés ; aussi des bravos prolongés témoignent-ils à ceux d'entre eux qui sont présents à la séance combien est grand l'écho qu'ont trouvé dans les membres de la réunion les paroles chaleureuses et cordiales par lesquelles les divers orateurs leur ont souhaité la bienvenue sur le sol français, au nom de l'agriculture française, dont deux des principales cultures sont si gravement compromises, par le phylloxera et par les maladies détruisant les vers à soie.

Un grand nombre de Sociétés d'agriculture de France, l'Académie des sciences, la Société centrale d'agriculture de France, la Société des agriculteurs de France, etc., etc., ont envoyé des délégués chargés de suivre les opérations du Congrès, auquel elles donnaient ainsi la plus grande preuve de sympathie en montrant le prix qu'elles attachent à ses travaux.

MM. les Délégués présents sont invités à prendre place sur l'estrade réservée au Bureau.

———

Le Congrès, sur la proposition de M. Gaston Bazille, a désigné les membres du Bureau pour les deux Congrès.

Ont été élus par acclamation :

Pour le Congrès séricicole

Président, M. Louis Vialla, vice-président de la Société centrale d'agriculture de l'Hérault.

Vice-présidents : MM. le comte Bossi Fedrigotti, délégué du gouvernement autrichien ; le comte Gherardo Freschi et le commandeur Gaetano Cantoni, délégués du Gouvernement italien ; de Lachadenède, président du Comice agricole d'Alais ; le marquis de Lespine, président de la Société d'agriculture de Vaucluse, et le Dr Frédéric Cazalis, directeur du *Messager agricole du Midi*.

Secrétaire général, M. Maillot, directeur de la station séricicole de la Gaillarde.

Secrétaires : MM. Jeanjean, de Saint-Hippolyte ; Raulin, de l'École normale de Paris ; de Plagniol, de l'Ardèche ; Duclaux, professeur à la Faculté des sciences de Lyon ; Duplat, directeur du *Moniteur des Soies*, de Lyon ; Andoyneau et Jeannenot, professeurs à l'Ecole régionale d'agriculture de la Gaillarde.

Pour le Congrès viticole

Président, M. Drouyn de Lhuys, président de la Société des agriculteurs de France.

Vice-présidents : MM. Targioni Tozzetti, professeur à l'Université de Florence ; Schneitzler, délégué du Comité fédéral suisse ; Roessler, professeur à l'Institut agricole de Klosternemburg, près Vienne (Autriche) ; le vicomte de La Loyère, président de la section de viticulture à la Société des agriculteurs de France ; Michel Perret, président de la Société d'agriculture de Saint-Marcelin (Isère) ; Jules Pagezy, ancien député ; Henri Marès, secrétaire perpétuel de la Société centrale d'agriculture de l'Hérault.

Secrétaire général, M. Lecouteux, secrétaire général de la Société des agriculteurs de France.

Secrétaires : MM. Terrel des Chênes, rédacteur en chef du *Moniteur vinicole* ; Ernest Leenhardt, secrétaire de la Société centrale d'agriculture de l'Hérault ; Saintpierre, professeur à l'École régionale d'agriculture de Montpellier ; Louis de Martin, secrétaire du Comice agricole de

Narbonne ; Durand et Foëx, professeurs à l'École régionale d'agriculture de Montpellier.

———

L'Assemblée accepte par acclamation les présentations faites.

Sur la proposition de M. Halna du Frétay, inspecteur général de l'agriculture, M. Gaston Bazille est nommé premier vice-président des deux Congrès. — Adopté à l'unanimité.

Vu le nombre des personnes inscrites comme devant assister aux séances, le Comité d'organisation craint que les salles du Palais de Justice, gracieusement accordées par M. le premier président Sigaudy, ne soient trop petites malgré leur grandeur relative.

L'Assemblée, consultée, demande à rester dans la salle des Concerts où se tient sa réunion actuelle, salle que M. le Maire de Montpellier a bien voulu offrir au Congrès.

Des remerciements sont votés à M. le Premier Président pour l'obligeance extrême qu'il a témoigné à la Commission d'organisation et au Congrès, en mettant à leur disposition deux des plus vastes salles du Palais de Justice. — Des remerciements sont aussi votés à M. le Maire de Montpellier.

Par suite de cette décision, les séances des deux Congrès se tiendront dans la salle des Concerts. MM. du Congrès séricicole siégeront de huit heures à midi, et à une heure le Congrès viticole entrera en séance. De cette manière les agriculteurs pourront suivre les travaux des deux réunions.

En conséquence, le Congrès viticole tiendra sa première séance aujourd'hui à une heure.

Lecture est donnée du programme provisoire des deux Congrès, dont la teneur est acceptée comme définitive, sauf à adjoindre à sa rédaction telle question intéressante qu'on croira devoir soulever.

L'ordre du jour étant épuisé, la séance est levée, et les Membres des Congrès se retirent de nouveau salués, comme à leur arrivée de l'hôtel de la Préfecture, où ils étaient allés chercher M. le Préfet et M. l'Inspecteur général de l'agriculture, par les harmonieux accords de la musique du régiment du génie, que la bienveillance de M. le Général commandant la division militaire avait envoyée pour faire honneur aux agriculteurs, français et étrangers, accourus à Montpellier.

Les Secrétaires,
Louis de Martin, Terrel des Chênes.

CONGRÈS VITICOLE INTERNATIONAL (1)

Séance du lundi 26 octobre

PRÉSIDENCE DE M. DROUYN DE LHUYS

Ce jourd'hui 26 octobre 1874, le Congrès viticole de Montpellier s'est réuni dans la salle des Concerts au Grand Théâtre, à l'effet de délibérer sur les questions inscrites à l'ordre du jour.

La séance est ouverte à une heure et quart, par le discours du Président :

« Messieurs,

» C'est un grand spectacle que cette vaste conspiration de toutes les forces vives de la science et de la pratique pour combattre le phylloxera, ce fléau qui menace de tarir l'une des principales sources de la richesse de notre pays. L'entomologie consulte ses annales ; la chimie épuise ses arsenaux ; l'hydrologie lui prête son assistance ; l'art de la culture invente de nouveaux procédés ; les Sociétés savantes de nos départements mettent cette question à l'ordre du jour ; l'Assemblée nationale en fait le sujet de ses délibérations ; le Gouvernement s'en émeut ; l'Institut de France ouvre une enquête solennelle. L'air, le feu, la terre et l'eau, sont mis à contribution pour nous fournir des moyens de défense ;

(1) Plus de huit cents personnes ont pris part aux travaux de ce Congrès, auquel plusieurs gouvernements étrangers et de nombreuses Sociétés savantes ou agricoles avaient envoyé des délégués. Voici les noms de ces délégués ;

Délégués de l'Autriche : MM. le comte Bossi-Fedrigotti, de Rovereto ; J. Bolle, de Goritz ; Gerloni, de la Société d'agriculture de Trente ; baron Tedeschi et le docteur Carlo Canderlperghes, du Comice de Rovereto.

Délégués de l'Italie : MM. le chevalier Manfredo Berione de Sambuy ; le professeur Adolphe Targioni-Tozzetti ; comte Freschi, de l'Institut royal vénitien des sciences, lettres et arts ; professeur Giovanni Tranquilli, de la Chambre de commerce d'Ascali ; Elisée Déandreis, agent consulaire d'Italie.

Délégué du Brésil : M. Elisée Déandreis, agent consulaire d'Italie à Montpellier.

Délégué du Portugal : M. le professeur Antonio Augusto de Agusar.

Délégués de la Suisse : MM. Schneitzlor et Demolles.

Délégué du Ministère de l'agriculture et du commerce de France : M. l'Inspecteur général de l'agriculture Halna du Fretay.

Société d'agriculture de Poligny, Dr Coste ;

Id.   de la Haute-Garonne, MM. Laffite, Givelet, de Lucy, Victor et Paulin de Capèle ;

Id.   d'agriculture et d'acclimatation du Var, MM. Gayet et Aguillon.

Id.   de Nice, MM. Audoynaud et Marcy.

Id.   de Carcassonne, MM. Rousseau, Denille et Malric ;

Id.   protectrice des animaux, M. Millet ;

de toutes parts s'organise la levée en masse des populations ·viticoles pour repousser l'invasion, et les plus magnifiques récompenses sont promises au libérateur.

» La grandeur de l'effort n'est que trop justifiée par l'importance des intérêts qu'il s'agit de sauver. Mais quel est donc le terrible ennemi qui les met en péril et provoque de notre part de si formidables préparatifs de guerre? Mesurez sa taille, examinez ses armes, visitez ses remparts : que trouvez-vous? Un puceron microscopique, une imperceptible tarière, une étroite fissure dans le sol. O cruelle ironie! O contraste étrange entre l'impuissance physique de l'homme et les forces mystérieuses de la nature, entre l'apparente exiguïté de la cause et l'immensité des effets, entre les moyens de détruire et les moyens de conserver !

» Ici la petitesse de l'individu est, il est vrai, compensée par le nombre ; le phylloxera est doué d'une effrayante fécondité. Suivant les calculs d'observateurs attentifs, un seul couple peut devenir la souche de vingt-cinq milliards de pucerons dans l'espace de temps compris entre le 15 mars et le 15 octobre. De là cette propagation rapide et cette série de migrations, dont nous trouvons l'exposé dans le rapport présenté à l'Académie des sciences par M. Duclaux, professeur de chimie à la Faculté de Clermont.

» Parcourons ces lugubres étapes :

» En 1865, l'insecte apparaît pour la première fois sur un seul point du département de Vaucluse.

» En 1866, il envahit une portion de ce département, en se repro-

Chambre de Commerce de Lyon, MM. Dusuzeau et Morand ;
Comice agricole de Toulon, MM. Aguillon et Garcin ;
   Id. de Narbonne, MM. Jamme, Gautier et Garcin ;
   Id. de Saintes, M. le Dʳ Ménudier ;
   Id. de Carpentras, M. Loubet ;
   Id. de Sorgues, M. H. Michel ;
Société centrale d'agriculture de France, MM. Drouyn de Lhuys, Barral et Lecouteux ;
Académie des Sciences, MM. Cornu, Rommier, Mouillefer et Duclaux ;
Société des agriculteurs de France, MM. Drouyn de Lhuys, vicomte de la Loyère, Lecouteux, P. Blanchemain, de Sainte-Anne, Gaston Bazille, baron Thénard, vicomte de Saint-Trivier, comte de Lavergne, marquis de Dampierre, Victor Lefranc, J.-A. Barral, Teissonnière: président, vice-président, secrétaire général, secrétaires et membres du Conseil;— le baron de Cambourg, le comte de Montessus de Rully, Paul Castelnau, Perrip, Louis Barral, Max Cornu, Fournier, H. de la Chassaigne, Ch. Tondeur, le comte de Dillon, Marcel Monnier, Duchesne-Thoureau, Rohart, Michel Perret, Raveneau, Maurial, Tripier, de Lagorsse, Dʳ Moreau, de la Fresnaye, Trouillet, comte de Fleurieu, de Tarrieux, baron de Saint-Juery, Frédéric Wolff, A. Gerard, G. de Senneville, Louis de Martin, de Lagorce, Guérin, Édouard Lugon, Ed. Caze, Debourge, Aristide Dumont, Ed. Saillard, Hubert-Delisle, Blaise (des Vosges), Fr. Cazalis, Sabaté, de Castelnau, marquis de Biliotti, Carre, Dujardin, Beaumetz..

duisant sur des points peu distants les uns des autres. On le signale également dans deux communes des Bouches-du-Rhône.

» En 1867, on remarque une large tache dans ce département, et la contrée située au nord d'Avignon est envahie.

» En 1868, les deux rives du fleuve, depuis la mer jusqu'à Pierrelatte, sont attaquées.

» En 1869, l'épidémie arrive aux portes de Nîmes, d'Aix, de Montélimar et de Valence; des vignes sont atteintes dans l'Hérault et le Var.

» En 1870, le mal prend un grand développement dans la même direction.

» En 1871, toute la vallée du Rhône, de Valence à la mer et jusqu'à Aubagne, est sous le coup du phylloxera; les taches deviennent de plus en plus larges dans le Var et l'Hérault.

» En 1872, le fléau gagne du terrain dans ces deux départements; on signale sa présence aux environs de Tournon.

» Enfin, en 1873 et 1874, soixante communes du Bordelais sont plus ou moins entamées, et l'insecte destructeur fait son apparition dans le Beaujolais.

» Ne croyez-vous pas, Messieurs, entendre comme un écho de ces paroles de nos livres saints :

« Tu planteras une vigne, tu la façonneras; mais tu n'en auras pas de » vin et tu n'en tireras rien, parce qu'elle sera détruite par les insectes.

» La vendange est attristée, la vigne languit, les larmes gagnent ceux » qui avaient la joie au cœur. Tout divertissement est abandonné; le sou- » rire de la terre s'est évanoui.

» Le Carmel perdra sa gaieté et son allégresse. Il n'y aura plus de » chansons dans les vignes. »

» La Société des agriculteurs de France, jalouse de témoigner sa sollicitude pour tous les intérêts en souffrance, au Midi comme au Nord, tenait à honneur de porter sa bannière dans la croisade entreprise contre un odieux envahisseur, qui, avec un instinct funeste, semblait avoir choisi, entre toutes les places de l'Ancien Monde, les plus florissantes et celles où ses ravages seraient le plus désastreux.

» Dès 1868, dans notre première session générale, nos inquiétudes se traduisaient en des termes malheureusement prophétiques : « Le monde » viticole, disait notre rapporteur, M. le comte de la Vergne, reste dans » l'appréhension d'un immense désastre, et la science est encore à la re- » cherche de la vraie cause du mal et d'un moyen de salut. » Après une discussion à laquelle prirent part les viticulteurs les plus distingués, une Commission fut nommée pour aller sur les lieux étudier sans délai, aux frais de la Société, la nouvelle maladie de la vigne.

» Au Congrès de Lyon, organisé en avril 1869 par la même Société, la question du phylloxera occupe une large place.

» On la retrouve encore amplement traitée dans le compte rendu des travaux du Congrès de Beaune, tenu sous nos auspices en novembre 1869, et que j'avais également l'honneur de présider ; une médaille d'or y est décernée à M. Planchon.

» L'annuaire de notre deuxième session générale, ouverte le 24 janvier 1870, contient l'exposé des intéressants débats engagés dans le sein de la section de viticulture sur ce sujet, qui, peu de mois après, appelait l'attention du Congrès de Valence.

» Après la guerre, la question revient à l'ordre du jour devant l'assemblée générale. Dans la séance du 23 janvier 1872, M. Gaston Bazille présente son rapport annuel sur la marche du fléau et sur les moyens employés pour le combattre. Les pouvoirs de la Commission d'étude sont prorogés.

» Au mois de septembre 1872, nouveau Congrès vinicole tenu à Lyon, dans les mêmes conditions. Les voix les plus autorisées s'y font entendre.

» Les quatrième et cinquième sessions générales, en 1873 et 1874, offrirent à la Société l'occasion de prouver que son zèle ne s'était pas ralenti.

» Enfin le conseil, par décision insérée au *Bulletin* du mois de juillet de cette année, a décidé qu'un prix sera décerné, en 1875, à l'inventeur du meilleur procédé pour arrêter ou prévenir les ravages du phylloxera.

» Vous le voyez, Messieurs, en répondant à votre bienveillant appel, je ne fais que continuer la tradition de la Société qui m'a honoré de ses suffrages. Je viens, sur un nouveau champ de bataille, combattre un ancien ennemi sous le même drapeau et avec les mêmes alliés.

» Nos études, qui depuis l'origine se sont suivies sans interruption, avaient pour objet, d'abord, la connaissance de la maladie elle-même; en second lieu, la découverte des remèdes destinés à la guérir.

» On a dû commencer par écarter les hypothèses qui attribuaient le fâcheux état de la vigne, soit aux froids des hivers précédents, soit aux sécheresses des printemps, et l'on a reconnu tout de suite que c'était dans une autre voie qu'il fallait chercher la cause du mal. Tout le monde sait aujourd'hui que d'habiles et patients observateurs, après avoir examiné dans tous leurs organes les ceps attaqués, ont aperçu enfin, sur les racines, des milliers de pucerons jaunâtres, fixés au bois et suçant la séve; tous à des états divers de développement, attachés à la partie souterraine de la vigne dont ils dévorent la substance, et qu'ils n'abandonnent qu'après l'avoir détruite. Multipliant, comme nous l'avons dit, dans des proportions qui défient le calcul et épouvantent l'imagination, ils sont protégés contre les agressions de l'homme par la profondeur du sol, qui leur sert à la fois de retraite et de défense. On prétend qu'un hectare de terre infectée livre chaque jour aux courants atmosphériques un demi-million d'émigrants, qui, s'abandonnant à tous les vents du ciel, vont implanter au loin leurs malfaisantes colonies.

» Une fois l'insecte découvert, bien étudié, bien connu, on s'est demandé d'où il venait. Peut-être est-il originaire de l'Inde, où l'on a vu récemment les vignobles détruits sur une grande étendue par une cause qui n'a pas été scientifiquement constatée; sa première apparition à peu de distance de Marseille, ce grand entrepôt des marchandises de l'Orient, semblait donner quelque probabilité à cette assertion. Mais on admet assez généralement qu'il nous a été amené de l'Amérique du Nord, et sa présence a été officiellement vérifiée sur les cépages indigènes par les entomologistes des Etats-Unis. Là, son action serait encore restreinte et pour ainsi dire insensible ; exercée sur des ceps à demi sauvages et non encore épuisés par des siècles de culture forcée, elle n'a pas, en général, au Nouveau Monde, le pouvoir destructeur qu'elle prend dans nos contrées.

» C'est ici que se place le débat qui divise encore les meilleurs esprits : le phylloxera n'est-il qu'un des symptômes de l'épuisement de nos vignes, signalé déjà par l'apparition de l'oïdium et d'autres maladies qui n'en auraient été que les avant-courrières ? ou bien son arrivée parmi nous est-elle le résultat d'un simple hasard ? En un mot, le phylloxera est-il cause ou effet ? Ses ravages et sa multiplication n'ont-il pas été déterminés par un état anormal de la plante ? Une telle question n'est pas purement spéculative. Si l'invasion de l'insecte est un accident, indépendant de la condition des vignes, il faut chasser le phylloxera comme on traque le loup dans nos bois et l'ours sur nos montagnes, ou bien les rats et les souris dans nos greniers. Alors il serait possible, par une guerre d'extermination, soit de le faire absolument disparaître, comme l'Angleterre y a réussi à l'égard du loup, soit au moins d'en diminuer le nombre, comme nous essayons d'y parvenir à l'égard du hanneton.

» Si, au contraire, la multiplication du phylloxera résultait d'une rupture inconnue d'équilibre dans la constitution de nos vignes, comme on voit le champignon pulluler sur les végétaux morts ou les vers sur les cadavres, on essayerait inutilement d'en entraver la diffusion et la propagation. Il se retrouverait, en dépit de tous les efforts, partout où il rencontrerait des circonstances propices, conformément à cette loi universelle qui fait sourdre la vie comme un torrent sans digue dans tout milieu propre à la recevoir. On soutient, à l'appui de cette thèse, que le puceron a dû exister en tout temps sur la vigne, mais qu'il y est resté inaperçu tant qu'il n'a pas trouvé des éléments suffisants d'alimentation et de fécondité. Ce seraient alors nos vignes qu'il faudrait régénérer, pour supprimer ou restreindre en elles les conditions favorables au phylloxera.

» Sans prendre parti dans ce grave différend, on peut constater qu'il n'est pas encore vidé. Le problème se présente à l'esprit de tous ceux qui, savants ou praticiens, se préoccupent du salut de nos vignobles.

» Il en résulte une division naturelle pour le classement des moyens curatifs qui ont été proposés, et qui, au nombre de quelques centaines, sont soumis en ce moment à l'Institut et au Ministère de l'agriculture. Les uns ont pour but direct la destruction ou l'éloignement du phylloxera, au moyen d'insecticides ou de divers procédés; les autres tendent à modifier ou à fortifier la séve, l'écorce ou la plante, soit dans son ensemble, soit dans ses parties.

» Au premiers rang des procédés expérimentés jusqu'ici, se place la submersion hivernale, dont les résultats sont incontestables. L'inventeur de cette méthode, aussi simple qu'ingénieuse, vient d'être récompensé par une flatteuse distinction, qui en consacre le succès. (*Mouvement d'approbation.*) Il a déjà de nombreux imitateurs, et personne n'hésite aujourd'hui à recourir à la submersion partout où elle est possible. Elle noie le phylloxera sans porter préjudice à la vigne, qui semble, au contraire, puiser dans l'immersion une vigueur nouvelle. Seulement l'application de ce système ne peut être étendue aux terrains éloignés des cours d'eau, ou que leur configuration rend impropres aux irrigations. On propose, il est vrai, de faire dériver par un canal les eaux du Rhône dans plusieurs de nos départements viticoles, et la Société des agriculteurs de France, dans sa dernière session, a recommandé ce projet à l'attention du gouvernement. On ne peut, néanmoins, se dissimuler que l'exécution en sera longue et assez dispendieuse. Il faut reconnaître, d'ailleurs, que la submersion ne sauvegarde les vignes qu'à la condition d'être renouvelée chaque année. Elle ne met pas définitivement un vignoble à l'abri des attaques du phylloxera ; mais, par une purification périodique, elle détruit l'insecte à mesure qu'il tente de s'y fixer.

» Une autre méthode, basée sur le même principe, est l'enfouissement de la partie inférieure de la tige dans une couche de sable. On a observé, en effet, que le phylloxera ne pénètre jusqu'aux racines qu'à la faveur des crevasses causées par la sécheresse, dans un sol argileux. On a remarqué aussi l'immunité dont paraissent jouir les vignes dans le sable, du côté d'Aigues-Mortes par exemple, au foyer même de l'infection. Ne serait-il pas possible de fermer tout accès au phylloxera en entourant chaque cep d'une espèce de rempart de sable, où l'insecte ne pourrait creuser ses cheminements? On a garanti plusieurs vignobles en leur créant ainsi un sol artificiel.

» Certains savants ont espéré faire échec au phylloxera en acclimatant d'autres insectes en antagonisme naturel avec lui ; mais cette idée s'est trouvée, au fond, plus séduisante que solide. Où rencontrer cet ennemi qui irait combattre le phylloxera dans la profondeur du sol, qui lui serait assez semblable pour l'atteindre, assez hostile pour le détruire? On a songé aussi à cultiver, au milieu des vignes, des plantes dont l'odeur éloignerait le phylloxera et à semer dans les vignobles des poudres insecticides. De telles mesures seront-elles assez énergiques contre un si-

tenace ennemi, et ont-elles jusqu'à ce jour produit des effets appréciables? L'emploi des engrais fortement azotés, des sels de potasse, et surtout du sulfure de carbone, expérimenté pour la première fois à Bordeaux,
en 1869, par M. le baron Thénard, a donné d'heureux résultats. Toutes
ces substances dégagent des gaz délétères pour les insectes et, convenablement dosées, elles sont inoffensives pour les végétaux.

» D'autres personnes conseillent d'arracher les vignes infestées et de
les livrer aux flammes avec les insectes qui sont attachés aux racines. Ce
système a soulevé de graves objections. Si le phylloxera, disent les ad-
versaires de ce nouveau remède, n'avançait que pas à pas, on pourrait
espérer l'arrêter en créant un désert entre la frontière du pays qu'il
occupe et les régions demeurées saines. Mais sa marche procède au contraire par bonds, et on le trouve établi au milieu de vignobles éloignés
de tout centre de contagion. Peut-on être assuré de détruire radicale-
ment les germes de ce fatal insecte, en extirpant les seules vignes dont
l'état morbide se révèle par des symptômes évidents? N'y a-t-il pas une
époque pour ainsi dire d'incubation, pendant laquelle l'animal existe
sans trahir sa présence par de visibles ravages, et alors, si vous épargnez
cette semence cachée, ne deviendra-t-elle pas le point de départ d'une
nouvelle invasion? Pourquoi, d'ailleurs, devancer en quelque sorte l'arrêt
du sort, et consommer d'un seul coup la ruine que le puceron n'achève-
rait qu'à la longue? En se plaçant à un autre point de vue, qui n'est pas
sans importance, quelles indemnités, ajoute-t-on, une telle mesure n'en-
traînerait-elle pas? De pareils sacrifices ne sont-ils pas hors de proportion
avec leur utilité présumée?

» Telle a été la direction des efforts opposés immédiatement au phylloxera : on le noie, on l'asphyxie, on l'empoisonne, on le brûle. Ces procédés ont sans doute leurs avantages et nous apportent un réel secours,
mais ils ne s'attaquent pas au principe du mal lui-même. Les employât-
on partout, ils ne pourraient avoir partout une efficacité absolue. Un
seul phylloxera survivant suffirait, en deux ans, à renouveler la race.
Peut-on espérer traiter d'une manière suffisante les espaces immenses
déjà envahis? Tout sera donc à recommencer chaque année ; l'ennemi
est là, toujours menaçant, poussant de tous côtés ses masses profondes,
que d'autres remplaceront sans fin, tant qu'il existera un sarment dans
nos campagnes.

» Aussi, convaincus des dangers de la situation et de l'issue fatale
d'un tel conflit, un grand nombre de viticulteurs ont-ils pris une autre
route : ils ont cru qu'il fallait régénérer la vigne, soit par des amende-
ments et des engrais, soit en modifiant profondément ses conditions con-
stitutionnelles, ou en se rapprochant davantage de l'existence qu'elle
aurait si elle restait livrée à elle-même.

» On a pensé à recourir au semis. N'est-il pas, en effet, conforme au vœu de la nature, qui multiplie annuellement à l'infini le nombre des grains, dont chacun porte en lui le germe d'une fécondité sans limites? En prodiguant les semences avec une telle profusion, ne semble-t-elle pas avoir voulu indiquer à l'homme que cet humble pepin, impropre à sa nourriture, doit être utilisé par lui et rendu à sa destination primitive? Les semis produisent à la fois des sujets plus robustes, plus souples, s'accommodant mieux aux changements de climat et de traitement. Partant de ces données, ne serait-il pas permis d'espérer que de nouveaux sujets, nés pendant l'époque que l'avenir appellera l'âge ou l'ère du phylloxera, seront pourvus d'une assez grande force de résistance pour faire face à l'ennemi contre lequel leurs ascendants, âgés d'ailleurs et créés pour des temps moins difficiles, n'étaient pas suffisamment prémunis? Ce n'est là qu'une probabilité ; mais, quelque faible que soit une espérance, on est tenté de s'y rattacher, après que d'autres expériences ont successivement échoué. La pratique sans doute se plaît à déjouer les combinaisons du raisonnement, et le grand air fait évanouir bien des théories conçues dans le cabinet. Ici cependant la pratique semble donner raison d'avance à la spéculation, et la préférence accordée aux ceps issus de semis n'a jamais été, je crois, contestée. Deux raisons ont fait obstacle à la généralisation des semis : la première, et la principale, est la longue enfance du sujet, qui reste au moins cinq ans sans rien produire, et qui n'est en plein rapport qu'après un temps double, tout en exigeant des soins assidus. La seconde était le désir de conserver la fixité de l'espèce, toujours variable à chaque génération et jamais identique à elle-même dans l'évolution qui la reproduit. On se disait que la perfection était atteinte, soit pour le rapport, soit pour la qualité et le parfum. De là, le désir si légitime de conserver sans altération un trésor que tout changement devait déprécier. Mais peut-être la nature se refuse-t-elle, au delà de certaines bornes, à prolonger l'existence des êtres soumis à la destruction et à la mort, et n'a-t-elle voulu leur laisser recevoir une seconde vie que dans les générations qui les suivent. Peut-être refuse-t-elle d'enrayer, par une fixité artificielle, ce vaste courant qui entraîne la vie dans un perpétuel mouvement. Or les provins, les marcottes, les greffes, les boutures, les crossettes, ne sont que la continuation artificielle de l'existence du sujet dont ils sont tirés.

» D'un autre côté, ne peut-on pas supposer que les tailles nombreuses et périodiques que subit la vigne ont fini par altérer son essence et amoindrir sa vigueur ? La culture basse sur souche, qui fait d'ailleurs les meilleurs vins, empêchant le développement normal de la plante, a peut-être, à la longue, contribué à en détruire la force constitutive. Portant atteinte au système aérien de l'arbuste, n'en a-t-on pas en même temps affaibli le système radiculaire ? Une vigoureuse vigne, poussant de plus profondes racines, ne serait-elle pas, dans sa partie souterraine, inaccessible au phylloxera? Il y a là pour nos viticulteurs matière à de sérieuses réflexions. Sans essayer d'aborder ici les délicats problèmes de la taille, ne peut-on pas conjecturer qu'en modifiant le système actuel, qui tend à réprimer l'essor du bois pour porter sur le fruit toute l'activité de la végétation, on donnerait plus de force à l'élément ligneux, à la séve et aux racines, tous points faibles dans notre mode de culture et où se concentre l'attaque du phylloxera.

» En contemplant les ravages causés par le dévastateur de nos vignes, la pensée se reporte involontairement à deux fléaux analogues : la maladie des vers à soie et celle des pommes de terre.

» La première a éclaté quand les magnaneries prenaient un accroissement inconnu jusque-là et rassemblaient sur un même point des multitudes de vers. Ni les soins hygiéniques, ni les précautions les plus minutieuses, n'ont réussi à la faire disparaître : elle renaît dans toute agglomération excessive. Et seules les petites éducations parviennent à y échapper.

» La pomme de terre était devenue la culture principale de l'Irlande. Le sol humide, léger, suffisamment chaud, s'y prête merveilleusement. Elle y était d'une abondance et d'une qualité incomparables ; elle y nourrissait toute la population, qui avait pour elle renoncé aux céréales. Tout à coup la fameuse pourriture se déclare.

» Vous savez la famine et l'émigration qui en furent les douloureuses conséquences. Depuis, la pomme de terre n'est plus cultivée que comme accessoire : les céréales ont repris possession du sol, et la maladie perd peu à peu de son intensité.

» En France, la vigne occupait plus de deux millions d'hectares : tout le Midi allait devenir un immense vignoble. A ce moment le phylloxera apparaît !

» En rapprochant ces terribles phénomènes, quelques personnes ont voulu leur attribuer une origine commune. Suivant elles, une loi inconnue d'équilibre naturel s'opposerait à la multiplication de certaines espèces, au delà d'une limite également inconnue. De cette considération hypothétique, elles tirent la conséquence qu'il faudrait restreindre, au moins pour un temps, la culture de la vigne, en la bannissant des plaines et des terrains bas.

» Je m'arrête, Messieurs ; je dois me borner ici à poser des problèmes qu'il vous appartient de résoudre. Au milieu des autorités si compétentes réunies dans cette enceinte, je viens apprendre et non pas enseigner. Je porte le drapeau, d'autres mains porteront le glaive. »

D'unanimes applaudissements accueillent ce discours, et témoignent à M. le Président combien l'Assemblée est heureuse et touchée des sentiments qui viennent de lui être si noblement exprimés.

Après quelques minutes de suspension, M. le Président donne la parole
à M. Gaston Bazille, président de la Société centrale d'agriculture de
l'Hérault, sur la première question du programme :

*Enquête sur la situation des vignobles de la France au point de vue
du phylloxera.*

M. GASTON BAZILLE s'exprime en ces termes :

« Messieurs,

» Je vous demande pardon de prendre encore la parole ; mais, depuis
plusieurs années, lors des sessions, à Paris, de la Société des agriculteurs
de France, on me fait l'honneur de me demander un exposé de la question du phylloxera. Nous ne sommes pas précisément ici dans une des
réunions de la Société des agriculteurs de France, mais nous tenons de
bien près à cette grande Société : je vois dans cette enceinte des figures
amies que je suis habitué à rencontrer à Paris je vois à côté de notre
Président plusieurs des membres du Bureau des Agriculteurs de France ;
je retrouve M. Drouyn de Lhuys, toujours bon, toujours sympathique,
dont le dévouement ne se dément jamais, et qui n'hésite pas à apporter
à toute œuvre utile le concours de sa haute personnalité.

» Que M. Drouyn de Lhuys, notre illustre Président, me permette de
le remercier, au nom de la Société d'agriculture de l'Hérault, au nom de
la ville de Montpellier.

» En venant aujourd'hui vous parler du phylloxera, je ne fais en quelque sorte que continuer l'exposé que j'avais l'honneur de faire le 6 février
dernier, à la Société des agriculteurs de France.

» Je voudrais vous parler, Messieurs, seulement des faits *nouveaux*
relatifs au phylloxera.

» A ce titre, le fait le plus saillant de l'année 1874 est, sans contredit,
l'énorme extension prise par le phylloxera dans le courant de l'été. —
On ne peut plus nier, pour si optimiste qu'on soit, que le phylloxera n'ait
fait de très-grands progrès dans le Bordelais ; dans l'Entre-deux-Mers,
dans les Charentes, le mal est sérieux. Le phylloxera s'est montré dans
les environs de Cognac ; d'un autre côté tout opposé, à l'est de la France,
le Beaujolais est envahi ; et, depuis quelques jours, nous venons d'apprendre que la Suisse, malgré sa ceinture de montagnes, n'a pas échappé
à l'insecte dévastateur.

» Près de nous, dans le Midi, dans le Var, dans l'Hérault, le phylloxera
a gagné du terrain à coup sûr ; mais il ne paraît pas avoir fait d'aussi
grandes enjambées. Nous l'avons vu cette année à Mèze, Florensac, Montagnac ; c'est, comme d'habitude, une étape de 10 à 12 kilomètres ; mais cela
ne peut se comparer à ce bond extraordinaire qui porte d'un seul coup le
phylloxera, d'Ampuis et de Côte-Rôtie, dans le département du Rhône,
jusqu'au delà de Genève. Il est probable cependant que tout cet espace

n'a pas été franchi d'un seul bond; si l'on cherchait bien, je crois très-fort que l'on trouverait des phylloxeras dans les vignobles existant entre le département du Rhône et le canton de Genève. La configuration des lieux explique en partie ces pas de géant : c'est très-probablement par la vallée même du Rhône que le phylloxera est arrivé en Suisse. Toute vallée, tout vallon qui se trouve sur le parcours du phylloxera, et dans lequel le vent s'engouffre, favorise la marche de l'insecte. Les vallons resserrés sont comme des espèces de tubes qui jettent sur un point donné des essaims de phylloxeras ailés. Dans les larges plaines, l'insecte gagne du terrain dans tous les sens, rayonne du centre à la circonférence, mais s'avance moins vite, ce nous semble.

» Une chaîne de collines, un plateau élevé, suffisent parfois pour retarder d'un ou deux ans l'invasion de l'insecte. Nous en avons divers exemples dans le département de l'Hérault : Vic et Mireval, au pied et au sud de la petite chaîne de la Gardiole, ont bien moins de mal que Gigean, Fabrègues, et surtout Villeveyrac, placés au nord.

» Nos observations de l'année ont pleinement confirmé ce que nous savions déjà de l'influence très-marquée exercée par la nature du sol sur la propagation plus ou moins rapide de l'insecte. Les sols sablonneux sont presque épargnés. Autour d'Aiguesmortes, dans du sable à peu près pur, les vignes sont encore intactes, alors qu'à quelques kilomètres, à Saint Laurent, à Aymargues, dans un sol argileux, le mal est déjà bien grand. Sur les terrains de cailloux roulés, sur les terres peu profondes des garrigues défrichées, et surtout dans les sols argileux qui se fendent pendant la sécheresse, la multiplication du phylloxera est prodigieuse; dans de pareils terrains, deux ans, trois ans au plus, suffiront pour qu'une vigne atteinte soit une vigne morte. Vous en verrez demain de tristes exemples dans les communes de Montferrier, Saint-Clément, Prades, Assas, etc. Les malheureux vignerons de ces diverses localités, et de bien d'autres encore qu'il serait trop long de vous citer, ont, dans le courant de l'été, vendu sans hésitation la presque totalité de leurs foudres, ces beaux instruments de vinification si coûteux. C'est bien là un fait nouveau de l'année 1874 et un symptôme désolant ; car il prouve que les vignerons ont perdu même l'espérance, ce sentiment si vivace d'ordinaire dans nos cœurs.

» Je ne dirai rien, dans ce rapide exposé, du phylloxera comme cause ou effet de la maladie de la vigne. Il reste si peu de partisans du phylloxera considéré comme l'effet d'une maladie préexistante, que la question ne se discute plus guère. Il y a quelques individualités éminentes, il est vrai, qui soutiennent encore cette théorie ; mais on pourrait dire d'eux ce qu'on disait du vieux Romain : « *Victrix causa diis placuit, sed victa Catoni.* »

» Le dernier coup a été porté à cette théorie de la maladie préexistante, en dehors de l'insecte, par l'illustre secrétaire perpétuel de l'Académie des sciences. M. Dumas, chez qui viennent aboutir tous les renseignements, qui reçoit les rapports des délégués de l'Académie, étudiant sur place, depuis plusieurs années, la maladie de la vigne, n'a pas hésité à accepter, dans son entier, l'opinion que nous défendons depuis longtemps avec une conviction profonde.

» M. Dumas a même été plus loin que nous ne l'avons jamais fait, en écrivant, dans une lettre adressée à M. Fallière, de Libourne, et publiée dans les journaux : « Vous êtes, Monsieur, trop indulgent pour les au- » teurs de la théorie d'une maladie préexistante en dehors du phylloxera ; » les auteurs de ces théories ont fait un mal immense à la viticulture. »

» Le jugement est sévère, surtout venant d'une telle bouche. Les partisans de ces théories ont eu tort, sans doute, de faire naître de fausses espérances, de laisser croire que la pluie ou le soleil, le froid ou le chaud, suffiraient pour remettre les vignes dans leur état primitif. Mais ils n'ont pas fait précisément de mal ; savez-vous pourquoi ? C'est que la masse des viticulteurs ne s'est pas laissée endormir ; c'est que le grand public, comme on dit, ne les a pas suivis. Partout, quand on a vu les vignes dépérir, on a vite, avec raison, accusé le phylloxera. A l'épithète de *vastatrix*, déjà si bien trouvée par l'honorable M. Planchon, on a ajouté celle de maudit, d'infernal.

» On entend dire de tous côtés : le phylloxera a pénétré jusqu'à tel point ; le phylloxera vient d'envahir le Beaujolais ou le canton de Genève. C'est bien le phylloxera tout seul qui est accusé du mal. L'instinct public a raison ; il ne s'est pas trompé.

» Partout on a compris la gravité du mal, et personne n'a partagé les illusions que se sont faites longtemps les partisans de la méthode que je combats.

» Il est parfaitement inutile de discuter plus longtemps la question du phylloxera cause ou effet ; ce serait me faire perdre un temps précieux et enfoncer une porte ouverte.

» Je suis très-convaincu que le phylloxera est bien la seule et unique cause du mal ; cela ne m'empêche pas de reconnaître que certaines circonstances de température, de nature du sol, ce que l'on a appelé *l'influence des milieux*, aident puissamment à la propagation de l'insecte ou retardent au contraire sa marche. Ce sont là des *circonstances particulières* dont on aurait grand tort de nier les effets, mais qui n'ont absolument rien de commun avec l'a *cause* du mal.

» Je ne veux pas davantage qu'on puisse m'accuser de méconnaître les bons effets, sur les vignes attaquées, des engrais et des bonnes cultures.

» Au moment même de la découverte du phylloxera, dès le premier jour, j'avais vivement recommandé les fumiers et la bonne culture. Voici ce que j'écrivais le 16 juillet 1868, dans le premier rapport publié et imprimé sur la découverte de l'insecte : « Ce qu'il faut donc chercher main-

tenant, ce n'est plus la cause de la maladie, c'est le remède. Le mal
marche à pas de géant, et, d'un jour à l'autre, sa présence peut être
signalée au milieu de nos vignobles. À l'œuvre donc tous ceux qui s'intéressent au salut de la viticulture ! En attendant que la Société d'agriculture de l'Hérault trace un programme des expériences à faire, des moyens
à tenter pour enrayer le mal, on peut déjà commencer les essais. Le remède sera probablement plus facile à trouver qu'à appliquer. Tous les
liquides dont le contact fait périr l'insecte sans nuire à la plante peuvent être employés : pétrole, benzine, huiles lourdes, acide phénique,
créosote, jus de tabac, savonnades, lessives plus ou moins diluées dans
l'eau, produiront sans doute de bons effets. On peut essayer l'eau bouillante, employée déjà contre la pyrale.

» Il faut essayer les caustiques : la chaux en poudre, les cendres, le
soufre; les tourteaux de colza, contenant de l'huile de moutarde, et déjà
employés avec succès contre l'écrivain, pourront donner de bons résultats.

» À Châteauneuf-du-Pape, un propriétaire nous a assuré s'être bien
trouvé d'avoir répandu, au printemps, de la chaux en poudre au pied de
ses souches. Il semble résulter de quelques expériences faites à Orange
que de fortes fumures, répétées deux années de suite, ont sauvé des vignes ayant un commencement de maladie. Le fait n'a rien de surpre-
nant ; les plantes vigoureuses sont, bien moins que les autres, attaquées
par les parasites. L'urine, surtout celle de vache, si l'on pouvait s'en procurer des quantités suffisantes, produirait, nous n'en doutons pas, d'excellents effets. Nous le savons par expérience, l'urine de vache tue certains
insectes, en même temps qu'elle donne à la vigne une végétation presque
trop exubérante.

» Si les vignes de l'Hérault étaient malheureusement envahies, nous
pensons qu'elles résisteraient mieux que celles de Provence, car elles sont,
en général, autrement vigoureuses. Il faut le dire, en Provence, la culture de la vigne laisse à désirer. Les vignes ne sont jamais fumées, peu
ou point soufrées, très-rarement travaillées à bras ; elles sont le plus souvent établies sur des terres incomplétement préparées ; aussi ne trouve-
t-on à peu près nulle part ce luxe de végétation que le beau soleil du
Midi devrait provoquer sur la rive gauche, comme sur la rive droite
du Rhône. Les vignes de Provence offrent donc aux parasites une proie
plus assurée. Ce n'est point une raison pour nous endormir dans une
fausse sécurité. Veillons, notre salut en dépend. »

» Je suis donc très-partisan des fumures. Il est cependant certain que,
sur bien des points, le fumier employé *seul*, comme nous le faisons
d'habitude, soit mis en couverture sur le sol, soit placé au pied des souches préalablement déchaussées, n'a pas arrêté la marche du phylloxera.
Le fumier a donné de la vigueur à la vigne; il était facile de le prévoir;

mais l'œuvre de destruction, quelque peu retardée, ne s'en est pas moins accomplie. Chez MM. de la Prunarède, à Bellevue ; Pagézy, à Viviers ; Vialla, à Saporta ; Leenhardt, à Fontfroide ; Ricard, à Celleneuve, pour ne citer que les quelques noms qui me viennent les premiers à la mémoire, les vignes ont été régulièrement travaillées et fumées ; le mal ne s'est cependant pas arrêté et beaucoup de ces vignes sont aujourd'hui perdues. M. Pagézy, entre autres, a vu, en deux ou trois ans, disparaître un vignoble d'une centaine d'hectares.

» Les fumiers employés seuls n'ont pas guéri le mal, c'est certain ; les insecticides proprement dits, et qui ne sont que des insecticides, n'ont pas donné de meilleurs résultats ; les savons noirs, les infusions de tabac, de feuilles de noyer, les préparations mercurielles ou arsénicales, l'acide phénique, l'huile de cade, ont à peu près échoué.

» Je ne vous parle pas du sulfure de carbone, l'insecticide par excellence ; M. Monestier doit traiter cette question. Les avis sont encore partagés : on a employé, cette année, le sulfure de carbone sur une assez grande échelle dans la commune de Saint-George, près de Montpellier. Bon nombre de propriétaires en sont satisfaits ; la question reste à l'étude.

» Il en est de même des sulfocarbonates, très-vivement recommandés par M. Dumas, et qui semblent avoir donné de bons résultats dans les Charentes.

» Faudrait-il déjà désespérer du succès, parce que les insecticides employés seuls ne donnent pas des résultats décisifs et parce que les fumiers n'ont pas suffi pour arrêter le mal ? Non, certes ; il est d'autres voies à tenter.

» Je ne veux pas, dans ce moment, traiter de la submersion d'automne ou d'hiver. Ce n'est pas un fait nouveau ; et, d'ailleurs, M. Faucon ou quelqu'un de ses imitateurs doivent vous parler des succès obtenus par cette méthode.

» Nous pourrons également fonder de sérieuses espérances sur la plantation des cépages américains ; j'ai, depuis plus de cinq ans, indiqué la possibilité de sauver nos vignobles en les greffant sur des variétés résistant au phylloxera. Je pourrais sur ce point vous exposer mes idées ; ici encore, je ne veux pas enlever à MM. Laliman, Planchon et Fabre, le plaisir de vous donner eux-mêmes des renseignements sur les cépages américains ; je n'en dirai donc rien. Mais il est un fait nouveau et important, dont je vous demande la permission de vous entretenir quelques instants. Nous avons obtenu, cette année, de bons résultats par l'emploi de certains engrais, combinés avec divers insecticides, particulièrement avec des sulfures alcalins. Vous jugerez vous-mêmes, un de ces jours, la rigoureuse exactitude de ce que j'ai l'honneur de vous annoncer, en visitant les carrés du domaine de las Sorres, et les expériences faites en grande culture dans mes propres vignes, à Saint-Sauveur.

»Au premier rang je place, pour ses bons effets sur les vignes attaquées par le phylloxera, l'urine de vache, engrais éminemment favorable à la vigne par la potassequ'il contient, mais en même temps insecticide énergique. Employée seule ou, mieux encore, mélangée avec une légère proportion de sulfure de potassium, de sulfure de calcium ou d'huile de cade, l'urine de vache a sauvé des vignes mourantes, et a maintenu en grande vigueur des vignes envahies depuis peu par le phylloxera.

»À côté de l'urine et presque au même rang, le fumier de vache, mais cette fois combiné avec le sulfure de calcium, a donné chez moi les meilleurs résultats.

» C'est bien là un fait nouveau et qu'on n'avait pas encore obtenu en grande culture. J'ai traité ainsi 16 hectares de vignes plantées dans des sols très-différents, en terrain maigre de cailloux roulés; au pied des coteaux, sur des sols de consistance et de fertilité moyenne et dans des plaines d'alluvion. Partout, mes vignes tranchent avec les vignes voisines d'une façon très-marquée; on dirait une ligne tracée au cordeau: d'un côté, tout est vert et luxuriant; de l'autre, tout est jaune et à peu près mort.

» Ces vignes ont été, pendant les mois d'août et de septembre, visitées par de nombreux délégués des Sociétés d'agriculture du Midi; tous ont été, je puis le dire, frappés des résultats obtenus.

» Les simples passants, les paysans, peu au courant des questions scientifiques, mais qui ont de bons yeux, ont été, comme les délégués des Sociétés savantes, surpris au dernier point.

»Les impressions du public se sont traduites à diverses reprises avec une grande vivacité. Pour vous en donner une idée, permettez-moi, en terminant, de vous raconter à ce sujet une petite anecdote personnelle.

» Il y a environ un mois, je revenais en chemin de fer de ma propriété de Saint-Sauveur; un monsieur, que je ne connaissais pas et que le hasard avait placé à mon côté, me dit tout à coup, sans autre préambule : « — Monsieur Bazille, vous avez fait certainement un pacte avec le diable! » Je fus assez surpris de cette entrée en matière, et je ne compris pas, au premier abord, où il voulait en venir.

» — Mais oui, reprit-il, vous avez fait un pacte avec le diable; car enfin, lorsque partout les vignes jaunissent et meurent, toutes les vôtres, qu'elles soient sur le coteau ou dans la plaine, sont vertes, vigoureuses et chargées de raisins.

» — Je puis vous répondre, Monsieur, comme Jeanne d'Arc répond à ses juges, dans une pièce de vers de Casimir Delavigne :

» Voici ma magie et mes charmes :

·» Ayez, comme moi, quarante vaches laitières en stabulation permanente; engraissez tous les hivers un nombre presque égal de vaches ou de bœufs ; recueillez avec soin les urines et les fumiers de tous ces animaux ; ajoutez à ces fumiers, comme je l'ai fait, du sulfure de potassium ou du sulfure de calcium ; n'attendez pas trop tard pour agir, et vous obtiendrez certainement les mêmes résultats. Non, Monsieur, le diable n'a rien à voir dans l'affaire, et il est inutile de l'invoquer ; mais, par contre, ce qu'il ne faut pas oublier, c'est de mettre en pratique la vieille maxime : « Aide-toi, le ciel t'aidera ! »

La fin de l'excellent discours de M. Gaston Bazille est saluée par de nombreux et sympathiques applaudissements.

M. le Président donne la parole à M. Léon Marès, qui lit la communication suivante :

« Depuis l'invasion du phylloxera, et plus particulièrement depuis deux ans, j'ai été extrêmement frappé du découragement extraordinaire qui semble paralyser presque tous ceux qui en sont attaqués. — Un très-petit nombre de propriétaires ont essayé de combattre le phylloxera ; le très-grand nombre a laissé détruire ses vignes sans résister, comme en présence d'un mal inévitable.

» Si je prends aujourd'hui la parole, c'est afin de rechercher les causes de ce découragement, de les examiner et de faire voir qu'on doit réagir contre elles, parce que l'expérience nous oblige à reconnaître qu'il est des moyens simples et susceptibles de préserver nos vignes du phylloxera, d'enrayer son action et, dans beaucoup de cas, de réparer ses ravages.

» Dès que le phylloxera eut été aperçu sur les racines de la vigne, on se préoccupa des moyens de s'en garantir, et il se produisit à ce sujet deux opinions :

» Les uns dirent : le phylloxera étant la cause du mal, il faut le détruire par un insecticide quelconque, et la vigne sera sauvée ; — d'autres dirent : le phylloxera attaquant plus volontiers la vigne dans de certains terrains que dans d'autres, et dans de certaines parties de la même terre que dans les autres parties, et faisant des ravages beaucoup plus considérables dans certaines localités que dans d'autres localités, quelquefois peu éloignées des premières, il doit y avoir des causes indépendantes du phylloxera qui prédisposent plus ou moins les vignes aux attaques et aux ravages de l'insecte. — Il faut donc rechercher ces causes et tâcher de leur échapper, tout en combattant directement l'insecte, s'il est possible.

» Et les partisans de cette dernière opinion, s'appuyant sur ce fait, qui n'est plus contesté aujourd'hui, *que toute cause de souffrance* et d'affaiblissement pour la vigne tend à favoriser l'influence destructive du phylloxera, affirmèrent qu'en attendant l'invention du remède insecticide, il fallait cultiver, soufrer, fumer les vignes plus que jamais, rechercher et employer plus que jamais les engrais de toute nature et particulièrement propres à la culture de la vigne.

» L'expérience a démontré que cette opinion, qui attendait du végétal lui-même, convenablement soutenu, un effort contre le phylloxera, était la vraie ; mais, avant que l'expérience en eût affirmé la vérité, elle fut attaquée, non pas avec des preuves, mais avec le suprême dédain de ceux qui jugent plusieurs ensemble une opinion qu'ils sont déterminés à trouver mauvaise.

» L'opinion de ceux qui, tout en désirant la découverte d'un insecticide, pensaient qu'il était bon d'aider la vigne à réagir et à se sauver elle-même, en l'absence d'insecticide, eut pour représentant principal dans notre Société d'agriculture M. Henri Marès, mon frère, et je la partageai entièrement. — Nous étions en minorité dans la Société et dans le pays, et l'on rendait volontiers les partisans de la guérison de la vigne par les engrais responsables des pertes énormes que l'application de leurs doctrines erronées entraînerait pour le propriétaire ; ils ne s'émouvaient cependant pas des responsabilités dont on les menaçait, et ils attendaient le résultat de l'expérience. — Depuis 1868, c'est-à-dire depuis six ans, l'expérience s'est faite, non pas complète, mais dans une mesure très-appréciable. Voyons-en les résultats.

» L'expérience a démontré :

» 1º Que, dans une certaine catégorie de terrains, toute vigne attaquée et *non défendue* est une vigne perdue ;

» *Exemples* : La Crau, le plateau de Pujo, près de Roquemaure, les environs d'Orange et de Carpentras ;

» 2º Que, dans d'autres catégories de terrains, les vignes échappent aux attaques qui les cernent de toutes parts ;

» *Exemples* : Terrains sablonneux de la Camargue et des bords du Rhône ;

» 3º Que, dans un très-grand nombre de terrains, les vignes résistent plus ou moins longtemps aux attaques de l'insecte, se sauvent ou périssent, suivant les traitements qui leur sont appliqués ;

» *Exemples* : Expériences du mas de las Sorres, vignes de M. Faucon, de M. Espitalier, vignes en expérience chez MM. Henri Marès, Léon Marès, Gaston Bazille, et chez un grand nombre de propriétaires.

» Et je crois que, si ces résultats de l'expérience sont livrés à la publicité, et à une très-grande publicité, les propriétaires attaqués traiteront leurs vignes, parce qu'ils auront l'espoir de les guérir, et sortiront de leur apathie et de leur découragement, suites de l'ignorance où ils sont du véritable état de la question.

» En effet, comment cette question a-t-elle été présentée jusqu'à ce jour, par les hommes qui s'en étaient attribué la spécialité ? — Voici le résumé de leurs conclusions :

» Pour arriver à la guérison de la vigne, il faut trouver un insecticide.

» Tant qu'on n'aura pas trouvé un insecticide, il ne faudra pas se bercer de l'espoir de guérir la vigne ou d'arrêter les ravages de l'insecte.

» Jusqu'à présent une seule opération a réussi, c'est la submersion, parce que l'eau joue le rôle d'insecticide.

» Si nous ne pouvons pas trouver d'insecticide, une seule planche de salut nous reste : ce sont les plants américains, assez robustes pour vivre avec le phylloxera sur leurs racines, — et que nous cultiverons comme on les cultive en Amérique, ou comme porte-greffe de nos plants français.

» Je dois faire observer que ces conclusions enseignées partout, répandues par les journaux scientifiques, agricoles et quotidiens, étaient de nature à porter la terreur, et ont effectivement porté la terreur dans tous les pays de vignobles ; — les administrations de chemins de fer et l'État s'en sont vivement émus, et tout le monde a cru à une catastrophe prochaine et générale. Cependant l'expérience se faisait jour par jour, et apportait son faisceau de preuves à ceux qui savaient les voir et les enregistrer.

» Au milieu de l'atonie générale, quelques propriétaires avaient essayé de résister, combattant seuls pour le salut de tous, en même temps que pour leur propre salut.

M. Henri Léenhardt, à Sorgues, se servit de l'acide phénique et de l'acide carbolique, avec beaucoup de soin et d'intelligence ; ses expériences nombreuses, dont il nous a plusieurs fois donné communication, lui démontrèrent que l'insecticide était insuffisant.

» L'arsenic, le sulfure de carbone et d'autres insecticides, furent essayés à diverses doses ; leurs résultats nuisibles, nuls et trop variables, ne leur ont pas permis d'entrer dans la pratique.

» M. L. Faucon obtint les meilleurs résultats de l'immersion combinée avec l'engrais.

» Chez M. Pieyre, voisin de M. Faucon, des vignes très-malades ont été conservées par des fumiers additionnés de soufre.

» Chez M. Espitalier, le sable et le fumier arrêtèrent victorieusement les ravages du phylloxera.

» Dans les départements de Vaucluse et des Bouches-du-Rhône, on reconnut que les vignes plantées dans des terrains sableux étaient rebelles à recevoir le phylloxera.

» Enfin les expériences du mas de las Sorres éclaircissaient d'année en année la question, en démontrant de plus en plus fort :

» Que, jusqu'à présent, on n'avait obtenu que des résultats nuls ou nuisibles, des substances exclusivement insecticides ;

» Que les engrais avaient généralement donné de bons résultats ;

» Et que les meilleurs de ces résultats étaient fournis par les engrais contenant simultanément des sulfures, des sels potassiques et des sels ammoniacaux.

» Sous l'influence de ces engrais, des vignes très-malades ont retrouvé la santé au bout de trois ans de traitement.

M. Cauvy donna son moyen de traitement, basé sur l'emploi du goudron et de l'eau ammoniacale, qui combine heureusement un élément insecticide, ou tout au moins fort désagréable à l'insecte, avec un engrais. Enfin d'autres expériences se firent sur une plus grande échelle. Le phylloxera, étendant et aggravant de plus en plus ses ravages, entourait Montpellier, et attaquait nos vignobles.

» L'an dernier, en 1873, ma propriété, située dans le canton des Matelles, fut attaquée ; mes voisins l'étaient déjà, quelques-uns avec une grande intensité.

» Je traitai mes points d'attaque avec la chaux, la suie, la potasse et le fumier, dont je connaissais les heureux effets sur les vignes en bonne santé. Je réussis presque partout à limiter mes points d'attaque. Mais, pendant l'automne de 1873, le mal se répandit dans tout le vignoble, et les effets de l'invasion se manifestèrent au printemps de 1874.

» J'ai combattu la maladie sur 60 hectares de vignes, en me servant de divers engrais en proportions différentes, dans lesquels le sulfure de potas-

— 27 —

sium, les sels de Berre alcalins ou sulfatés, la suie, la chaux, les cendres.
le carbonate de potasse, le sulfure de potassium mélangé au sulfate d'ammoniaque, et le fumier, ont joué le rôle principal, et je puis dire qu'en présence
d'une invasion très-violente, j'ai eu de remarquables résultats, et que j'ai
conservé une bonne récolte normale.

» Dans mon domaine de la Paille et dans le domaine de Launac, appartenant à M. Henri Marès, des invasions considérables de phylloxera, formant
tache dans beaucoup de vignes, ont été arrêtées par l'emploi simultané du
sulfure de potassium et du sulfate d'ammoniaque ; — tout le monde a pu
voir, chez M. Gaston Bazille, une vigne, traitée avec le sulfure de calcium et
le fumier de vache, fort belle à côté des vignes voisines, très-abimées par
le phylloxera.

» Enfin, au mas de las Sorres, le propriétaire, M. Fermaud, s'inspirant
des résultats obtenus par la Commission sur le champ d'expériences installé
chez lui, a obtenu d'excellents résultats avec le sulfure de potassium, mé-
angé à d'autres engrais. Les preuves, qui me sont personnelles aussi bien
lque tous les faits que je cite ici, peuvent encore être vérifiés, et je compte
remettre au Congrès une note détaillée sur mes expériences.

» Malheureusement, cet ensemble de faits qui s'impose aujourd'hui n'a
pas été suffisamment mis en lumière; il semble qu'il y ait quelque difficulté
à les reconnaître, à les publier, à en tirer les conséquences : c'est un très-
grave préjudice pour le public.

» J'aimerais à voir des journaux, dont la publicité est très-grande, plus
empressés de répandre les procédés de guérison applicables aux plants de
notre pays que de vanter outre mesure l'emploi des plants américains, qui
n'en sont encore qu'à la période d'essais intéressants, et qui ne pourraient
être adoptés en grand sans imprudence.

» J'aimerais les voir rappeler quelquefois au public qu'il existe à quatre
kilomètres de Montpellier une école d'expériences, où les résultats les plus
utiles peuvent être journellement constatés.

» Le résumé des observations faites l'an dernier au mas de las Sorres
a été extrêmement intéressant; celui de cette année le sera plus encore, et
apportera de nouvelles lumières pour la recherche de la vérité.

» Je ne dois pas terminer cet historique rapide sans exposer la théorie
que l'ensemble des faits connus a inspirée à M. H. Marès, dont je ne suis
ici que l'interprète.

» Les vignes prédisposées par des causes inconnues, et attaquées par le
phylloxera, ont les racines non-seulement piquées ou sucées, mais encore
empoisonnées par l'insecte; et, sans entrer ici dans l'exposition des preuves
nombreuses dont on peut soutenir cette opinion, je puis dire qu'elle est extrêmement plausible et qu'elle est certainement venue à la pensée de plusieurs de ceux qui s'occupent du phylloxera.

» La vigne étant ainsi empoisonnée et débilitée par l'insecte, les sulfures
alcalins auraient pour effet, d'une manière générale, de combattre le poison,
de guérir la vigne, de panser ses plaies pour ainsi dire, de servir en un
mot de remède et d'antidote ; les engrais seraient ensuite nécessaires
pour reconstituer la vigne guérie, mais épuisée...

» Cette théorie, aussi simple qu'ingénieuse, explique comment les fumiers ne suffisent pas pour empêcher de périr les vignes malades; comment les engrais chimiques, seuls et sans fumiers, ne suffisent pas pour reconstituer les vignes plus ou moins complétement guéries; comment le phylloxera peut exister sur une vigne sans l'empêcher de produire, quand l'antidote et l'engrais réparateur neutralisent à chaque instant son venin et réparent ses ravages.

» Quoi qu'il en soit de la vérité de cette théorie, celle des faits sur lesquels elle repose, et qu'elle veut expliquer, est certaine ; et c'est là ce dont il faut ensemble nous féliciter.

» On peut le dire aujourd'hui, des documents nombreux et certains, qui prouvent la possibilité de préserver les vignes du phylloxera et d'atténuer ou de réparer ses ravages, sont déjà réunis, — de grandes expériences sont en cours d'exécution ; — et, si chacun des intéressés avait assez de confiance pour entreprendre dans son propre domaine, et d'après les données maintenant connues, des expériences peu étendues, mais bien conduites, sur le traitement des vignes menacées ou atteintes par le phylloxera, nous verrions bientôt, je n'en doute pas, la confiance remplacer la consternation générale.

» Chacun de nous se doit à lui-même, et doit à son pays, de s'associer à la recherche des moyens les meilleurs et les plus sûrs de sauver nos revenus, d'accroître nos richesses. — La France en a besoin. »

M. le docteur Azam, de Bordeaux, a la parole.

L'orateur communique à l'Assemblée les résultats de l'enquête à laquelle il s'est livré touchant l'état des vignobles bordelais

Il fait remonter les premières atteintes du mal à 1864, mais alors le mal passe inaperçu ; il devient sérieux en 1865 et 1866 : on le reconnaît auteur de Floirac et de Pouillac.

La maladie s'est propagée de l'est à l'ouest et s'est emparée de la contrée nommée *Entre-deux-Mers*. Confinée d'abord sur quelques-uns de ses points, en 1873 elle a gagné le Saint-Émilionnais; elle a envahi au nord-ouest la vallée de la Dordogne et s'est étendue sur 70 ou 80 communes.

En 1874, les foyers sont plus nombreux, plus larges, mais ils restent encore disséminés et interrompus par des espaces de 15 à 16 kilomètres.

En somme, les ravages causés jusqu'ici n'ont atteint que la rive droite de la Garonne; une seule commune de la rive gauche, au sud de Bordeaux, a été visitée par le fléau.

La côte de Sauterne et le Médoc sont préservés. La quantité des récoltes est seule compromise jusqu'à présent, non leur qualité, car les crus renommés sont épargnés.

Si le mal est étendu sur cent communes attaquées à des degrés divers d'intensité, du moins il n'est pas encore très-grand dans le Bordelais. Il s'y est fait beaucoup de vin en 1874.

On voit donc que si, comme on le pense, le phylloxera est dans la Gironde depuis 1864, son expansion n'a pas été aussi rapide que dans les vignobles de Vaucluse, des Bouches-du-Rhône, du Gard et de l'Hérault ; aussi a-t-on le droit d'espérer qu'avec le concours de tous on se défendra.

M. le Président donne la parole à M. SCHNEITZLER, l'un des deux délégués du Gouvernement fédéral suisse.

M. Schneitzler raconte que son gouvernement a envoyé, en août 1874, trois délégués en Beaujolais, afin d'y faire étudier sur place le phylloxera, qui venait de se montrer pour la première fois dans cette région. Au retour des délégués, et sur leur rapport, on répéta, en Suisse, toutes les expériences faites en France pour combattre le fléau. A la suite d'une conférence de M. Demolle, à Genève, dans laquelle furent exposés les signes extérieurs auxquels se reconnaît la présence du phylloxera, un propriétaire, M. Panissot, trouva l'insecte aux portes même de la ville. Ainsi, au moment où la Suisse envoyait ses délégués en Beaujolais pour y observer l'ennemi redouté, son territoire était déjà envahi, et, comme il arrive souvent, la vigne attaquée la première était plantée dans un sol argileux, c'est-à-dire sujet à se fendiller. Aujourd'hui trois points d'attaque sont signalés par les viticulteurs.

L'orateur termine en disant qu'il espère beaucoup des travaux du Congrès. Un grand nombre de moyens sont proposés, il faut seulement les cribler ; les bons resteront et l'on aura une base sûre pour opérer.

L'orateur adresse ensuite à l'Assemblée de chaleureux remerciements, pour l'honneur qu'elle lui a fait en lui décernant l'une des vice-présidences du Congrès, et il s'assied au milieu d'unanimes applaudissements.

A une demande de M. Laliman, pour savoir s'il y avait, dans le voisinage des points attaqués en Suisse, des plantations de vignes américaines, M. Schneitzler répond qu'il n'existe pas de cépages étrangers à proximité des foyers reconnus.

La parole est donnée à M. TARGIONI-TOZZETTI, professeur de zoologie et d'anatomie comparée au musée royal de Florence, délégué du gouvernement italien.

L'orateur est heureux de n'avoir à communiquer au Congrès aucun fait intéressant sur la question, car le phylloxera n'est pas en Italie ; il n'est donc venu au Congrès que pour s'instruire.

A la suite des travaux faits en France, et pour être prêt en cas d'attaque, le gouvernement italien a créé une Commission dont les travaux doivent se centraliser au cabinet œnologique de Florence, dont l'orateur est le directeur.

Il adresse aussi ses remerciements à l'Assemblée, dont les applaudissements expriment de nouveau les sentiments de sympathie envers nos visiteurs étrangers.

M. Michel **Perret** a la parole.

L'orateur constate que la submersion prolongée a seule donné des résultats sérieux, parce qu'elle atteint l'insecte dans toutes ses retraites. Sa destruction totale est reconnue impossible au moyen des insecticides, qui sont insuffisants appliqués à faible dose et dangereux pour la vigne à dose plus élevée.

M. M' Perret propose d'abandonner à l'insecte le domaine par lui conquis; mais, à l'aide d'un engrais associé à un insecticide d'efficacité certaine, tel que les sulfures, il prétend constituer un milieu tout à la fois nutritif pour des racines nouvelles, dont ce milieu excitera la production, et infranchissable pour le phylloxera, à raison de la vertu insectifuge des sulfures ou de toute autre substance. Une condition essentielle, indispensable, est que le produit destiné à éloigner le phylloxera ait une action permanente. Par suite de ce moyen, la vigne qui verrait ses racines dévorées d'un côté constituerait de l'autre, et à l'abri de toute attaque, un second système radiculaire, capable de l'alimenter et de l'empêcher de mourir.

La parole est donnée à M. **Faucon**.

L'orateur résume rapidement l'ensemble de ses travaux relatifs à la submersion sur son domaine du mas de Fabre, situé dans la commune de Graveson.

Son vignoble, d'une superficie totale de **21** hectares, est situé dans la plaine et repose sur un terrain de nature argilo-calcaire. Jusqu'à l'année 1867, il était resplendissant de santé ; mais, en 1868, il fut atteint d'une manière presque foudroyante. Dès le mois de septembre 1868, l'orateur, convaincu que le phylloxera était la seule cause de la maladie, songea à débarrasser ses vignes de cet hôte importun. Après avoir essayé tous les moyens déjà indiqués, il reconnut que l'eau, employée non en arrosage, mais en véritable inondation plus ou moins permanente, était seule capable de lui donner des résultats positifs. Malheureusement, le niveau de l'eau dans le canal des Alpines, qui passe à côté de sa propriété, était trop élevé pour qu'il pût aussitôt l'utiliser. Un barrage fut nécessaire, et, à son aide, les eaux purent arriver à la hauteur voulue pour irriguer une partie du vignoble. Les travaux ne purent être terminés qu'à la fin de l'hiver 1869-1870.

Déjà, au début, dit l'orateur, j'avais pensé que les bonnes cultures et les engrais, en soutenant la vigne, pouvaient la faire résister aux attaques du phylloxera, et, fondant sur cette théorie des espérances qui, hélas! ne devaient pas se réaliser, je fumai assez copieusement mes vignes pendant les années 1868 et 1869. Ces soins et ces fumures n'empêchèrent pas mon vignoble de tomber dans un tel état d'épuisement, que je n'aurais pas tardé à l'arracher si, dès les premiers jours de 1870, je n'avais pu lui appliquer le procédé de la submersion.

Les chiffres qui suivent montrent quels ont été les heureux résultats de la submersion dans le domaine de M. Faucon :

Années   Récoltes

1867. — Année avant l'invasion apparente du phylloxera. — Vignes non fumées......................... 925 hect.

1868. — 1re année de l'invasion apparente.— Vignes fumées, mais non submergées..................... 40 —

1869. — 2me année de l'invasion.—Vignes fumées, mais non submergées........................ 35 —

1870. — 1re année de la submersion, sans engrais......... 120 —

1871. — 2me année de la submersion, sans engrais........ 450 —

1872. — 3me année de la submersion.—Vignes fumées avec tourteaux de colza (1750 kil. par hectare)....... 849 —

1873. — 4me année de la submersion. — Même fumure. — Fortes gelées les 26 et 27 avril................. 736 —

1874. — 5me année de la submersion. — Vignes fumées. Une partie avec 1250 kil. de tourteaux de colza, et une autre partie avec 600 kilos engrais chimique complet, n° 4. de M. Louis Avril, de Marseille, par hectare........................ 1175 —

En dehors du mas de Fabre, M. Faucon possède des vignes plantées, elles aussi, dans des sols de première qualité, qu'il a cultivées avec le plus grand soin, et qu'il a fumées pendant trois années de suite. Mais, comme il n'a pu leur appliquer la submersion, elles ont succombé.

Quant aux conseils pratiques, voici ceux que recommande l'orateur :

Il faut submerger pendant trente à quarante jours consécutifs, en automne, dès que la végétation commence à s'arrêter, alors que le phylloxera est encore dans la période de sa vie active, et résiste moins à l'immersion dans l'eau. En hiver, à partir du 1er décembre, époque à laquelle l'insecte tombe dans l'engourdissement et est plus difficile à tuer, il sera convenable de maintenir l'eau de quarante à quarante-cinq jours. Enfin, à la submersion on devra ajouter de bons engrais et de bonnes cultures.

M. le Président donne la parole à M. DE RICARD.

L'orateur, dans une improvisation vive, animée et convaincue, affirme d'abord une double croyance, et dans le phylloxera cause de la maladie, et dans la submersion comme moyen unique de défense. Il a la foi qui transporte les montagnes et voudrait la faire passer dans l'esprit de tous les viticulteurs.

Pour l'efficacité des fumures seules, il n'y croit pas. Il a vu triompher leurs partisans, mais peu après il les a vus pleurer. Il l'a vu, répète l'orateur.

M. de Ricard, après avoir fait ressortir le mérite de M. Faucon, ajoute que, dans ses visites au mas de Fabre, il reconnut que le sol, très-com-

pacte, n'était pas suffisamment ameubli, que la charrue était employée ti-
midement, la main-d'œuvre était épargnée ; de plus, au lieu d'appliquer
des fumiers grossiers, capables de diviser le sol, M. Faucon employait les
engrais pulvérulents, des sels de l'étang de Berre, etc., etc.

L'orateur a acheté une propriété dans les Bouches-du-Rhône, dans le
dessein d'y pratiquer la submersion. Il a sur les bords du Rhône et de
l'Hérault 250 hectares de vignes submersibles ; il a vendu toutes les par-
celles de ses propriétés qui n'étaient pas susceptibles d'être inondées.

Pourquoi a-t-on contesté l'efficacité de la submersion? Parce qu'elle
était mal faite partout où elle n'a pas réussi. Elle était ou insuffisante, ou
discontinue, ou incomplète.

Sa durée doit varier selon la nature du sol : dans les terrains perméa-
bles, par exemple, il ne pense pas que quarante-cinq jours soient nécessaires ; il croit que douze ou treize jours sont suffisants.

Pour réaliser convenablement la submersion, il faut d'immenses quantités d'eau, que l'on ne peut demander aux machines dans des conditions
économiques; de là l'obligation de recourir à l'inondation naturelle four-
nie par les crues des cours d'eau, qui ont ordinairement lieu après les
vendanges, époque spécialement propre à la submersion, parce qu'alors
elle ne peut nuire à aucune récolte.

Il est nécessaire d'ajouter à la submersion des cultures multipliées et
des fumures annuelles, car elle affaiblit la vigne. L'eau a, d'ailleurs, le mérite de précipiter la consommation des engrais et de les porter promptement aux racines.

La parole est donnée à M. Dumont, ingénieur des Ponts et Chaussées.

L'orateur développe devant le Congrès son projet bien connu de la
construction d'un canal de dérivation des eaux du Rhône, de Condrieux
à Béziers. L'enquête publique lui a été favorable. L'opposition qui lui a
été faite par la Chambre de commerce de Lyon tombe devant cette
condition que l'eau ne sera jamais prise qu'à 50 centimètres *au-dessus de
l'étiage*, c'est-à-dire lorsque la batellerie ne pourra pas en souffrir.

M. Dumont appuie son projet sur la production des chiffres suivants :

Dépense totale : 100 millions, dont 80 pour le canal principal et 20
pour les canaux secondaires.

Sur 200,000 hectares de plaines submersibles, 80,000 sont plantés en
vignes et pourront être protégés contre les attaques du phylloxera.

Leur produit sera maintenu à 5 ou 6 millions d'hectolitres : c'est le
septième de la production vinicole de la France sauvé.

Montpellier se trouve dans une situation favorable, car l'eau du canal
y arriverait à 10 mètres au-dessus du Peyrou.

Le Conseil général des Ponts et Chaussées étudie le projet de M. Dumont et doit prochainement se prononcer sur sa réalisation. Un vœu fa-

vorable du Congrès aurait pour effet, non-seulement d'en préparer le succès, mais encore de hâter la solution. L'orateur demande en conséquence, à l'Assemblée, de vouloir bien émettre un vœu.

M. MILLET, inspecteur des forêts, demande la parole sur le projet du canal de M. Dumont.

Il redoute les effets de la submersion pour la vigne, qui n'est pas une plante aquatique.

La longévité des ceps ne sera-t-elle pas diminuée ?

La qualité du vin ne sera-t-elle pas abaissée ?

Les vignes inondées et imprégnées d'eau ne souffriront-elles pas davantage des gelées printanières ?

Enfin la salubrité publique n'a-t-elle rien à craindre des inondations périodiques sur de larges surfaces ?

M. DE RICARD réplique.

Il aime l'eau, il en use beaucoup et n'en peut abuser.

Ses vignes, souvent inondées, sont des plus vigoureuses.

Son vin est aussi bon que celui de ses voisins, que les inondations naturelles atteignent seulement deux fois, alors qu'à cause de sa situation topographique, son vignoble est inondé trois fois.

Les vignes sont depuis longtemps ressuyées quand arrivent les gelées, et n'en souffrent pas.

Enfin la submersion hivernale ne peut nuire à la salubrité, à raison du froid, qui ne permet pas la formation des miasmes dangereux.

Sur la demande de M. le Président, M. Dumont rédige son vœu, qui, amendé à la suite d'une observation de M. J.-A. Barral, est ainsi conçu :

« Le Congrès, convaincu que la submersion est un moyen très-efficace pour sauver les vignes du phylloxera, et que la construction du canal d'irrigation du Rhône permettra d'appliquer utilement cette submersion à un très-grand nombre d'hectares, dans les quatre départements de la Drôme, de Vaucluse, du Gard et de l'Hérault, émet le vœu que l'instruction définitive et l'établissement du canal d'irrigation du Rhône soient poussés avec la plus grande activité. »

M. DE FALLOIS demande et obtient la parole pour combattre le vœu proposé.

Il voit dans le canal du Rhône une opération industrielle dont le Congrès ne doit pas s'occuper. Si le Congrès entrait dans cette voie, il devrait, selon lui, émettre des vœux en faveur des fabricants d'engrais et autres substances d'une efficacité reconnue, soit pour fortifier la vigne, soit pour détruire le phylloxera.

M. le marquis DE L'ESPINE ne peut accepter une pareille interprétation.

En effet, la Société d'agriculture de Vaucluse, dont il a l'honneur d'être le président, a fait une enquête qui a duré six jours, pendant lesquels i a parcouru toutes les communes du département. Or il résulte de l'examen qu'en Vaucluse les neuf dixièmes du vignoble ont disparu, et que le dernier dixième a été sauvé par la submersion ou par la nature sablonneuse du sol. Tout ce qui ne s'est pas trouvé dans une de ces deux conditions favorables a totalement disparu. Or Vaucluse possède un grand nombre de canaux ; il n'a pas besoin de celui de M. Dumont, et cependant on a voté en faveur de ce dernier, parce qu'il est d'un intérêt général pour l'agriculture du Midi.

M. A. Dumont proteste très-énergiquement contre le caractère industriel que quelques personnes voudraient essayer d'attribuer à son projet. Dans sa pensée, c'est l'État qui doit construire le canal du Rhône; il le déclare et le demande nettement.

Après ces observations, le vœu est adopté à la presque unanimité.

La parole est donnée par M. le Président à M. le Dr Menudier, délégué des Charentes.

L'orateur fait l'historique de la maladie de la vigne dans les Charentes et indique les principaux moyens employés pour la combattre.

Le sulfure de carbone, dans des flacons enfouis autour du cep à 50 centimètres de profondeur, a détruit le phylloxera ; mais l'insecte a reparu après l'évaporation de la liqueur insecticide.

Mais, en dernier lieu, le sulfocarbonate de potasse en solution à 40 degrés B. a donné de bons résultats. Ce procédé coûte 5 cent. par pied, soit 200 fr. par hectare à 4,000 pieds. L'orateur le trouve trop cher. Aussi, éclairé par les heureux effets de l'urine dans l'Hérault, M. le Dr Menudier se propose de l'appliquer dans son pays, mêlée aux boues des villes. La lenteur relative de l'invasion dans les Charentes lui fait espérer que le phylloxera ne tuera pas toutes les vignes.

La parole est accordée à M. Monestier.

L'orateur résume aussi rapidement que possible le mémoire ci-après :

« Messieurs,

« J'ai défini en quelques mots le procédé dont je vais avoir l'honneur de vous entretenir :

« *Destruction du phylloxera par la production, dans le sein même du sol,*
» *d'une atmosphère toxique, formée de gaz ou de vapeurs créés par des*
» *composés volatils ou gazogènes, liquides ou solides, introduits à une certaine*
» *profondeur, c'est-à-dire au-dessous des racines.* »

» Telle est la définition du principe que j'ai conçu, divulgué, longuement expérimenté et, finalement, appliqué sur une grande échelle.

» Je désire qu'il soit bien entendu que je n'ai jamais eu la prétention de créer tel ou tel produit, ou de découvrir dans un produit des qualités nou-

velles. Ma seule prétention est d'avoir trouvé une idée pour combattre le phyl-
oxera. De cette idée sont nés tous mes travaux.

» Il y a près de deux ans, une étude comparée des procédés mis en usage
contre le phylloxera me permit de me convaincre de leur inutilité ou de
leur insuffisance.

» Tous les expérimentateurs plaçaient des agents toxiques autour du col
de la souche et espéraient, en vain, de voir leur action se produire sur toutes
les racines.

» De l'examen et de mes réflexions sur la cause de ces insuccès surgit une
idée qui fait l'originalité de mon système :

» L'insecte qui dévore la vigne doit être attaqué de bas en haut.

» Ce principe s'impose tellement par son évidence, que sa divulgation fut
accueillie avec une grande faveur, je ne crains pas de le dire.

» En effet, afin de combattre avec succès le phylloxera en agissant contre
lui de haut en bas, l'eau est le véhicule indispensable, et vous savez tous,
Messieurs, que l'eau est infiniment rare dans la plupart des pays de vignoble.

» Au contraire, d'après la pensée qui avait surgi dans mon esprit, il devait suffire de faire parvenir sous les racines des souches des corps quel-
conques capables de produire des gaz ou des vapeurs toxiques, qui, se con-
fondant avec l'atmosphère souterraine, formeraient une atmosphère mortelle
pour le phylloxera.

» A peine ma théorie est-elle conçue, je l'expérimente maintes et maintes
fois dans mon laboratoire :

» Dans un vase plein de terre, dans laquelle je plaçai préalablement des
racines et des radicelles phylloxérées, j'injectai de l'acide sulfureux par un
orifice placé à la partie inférieure du vase : le succès couronna toujours mes
expériences. Mais l'acide sulfureux, agent commode pour me démontrer la
réalité de mes expériences, me parut nécessiter de trop grands frais pour
pouvoir être recommandé aux viticulteurs. Je l'abandonnai, et pensai alors
à un agent énergique que j'avais depuis longtemps sous la main, dont j'avais
moi-même éprouvé douloureusement les effets, agent dont la tension de vapeur est très-considérable : je veux parler du sulfure de carbone.

» Cet agent fut essayé dans les vignes du mas de Poujol, où je fis de nombreuses expériences avec l'appui intelligent de MM. d'Ortoman et Lautaud.
Ces expériences furent audacieusement faites sur des rangées de vingt,
trente, quarante souches, toujours séparées les unes des autres par des souches laissées en proie au phylloxera. Les doses introduites sous les racines
étaient de 100, 200, 300, 400, 500 grammes.

» Le succès fut tel que, lorsque M. Gaston Bazille me fit l'honneur de visiter nos travaux, après avoir comparé l'état des souches traitées et l'état de
celles qui ne l'étaient pas, il exprima la crainte que mon mode de traitement, qu'il ne connaissait pas encore, fit disparaître le phylloxera sans le
tuer. Après plusieurs contre-expériences faites sur des souches désignées
et marquées, M. Gaston Bazille voulut bien affirmer le succès de mon
procédé par une lettre insérée dans les trois journaux de Montpellier, le
13 août 1873. Cette lettre, signée par un homme si compétent dans les questions agricoles, fut accueillie avec enthousiasme par nos populations, mena-

cées d'une ruine prochaine. Pour moi, je ne me dissimulai pas un seul instant que je ne faisais qu'indiquer un principe nouveau. Ouvrir une voie nouvelle et certaine aux expériences scientifiques, tel était mon but.

» Il semble qu'un système apparaissant sous d'aussi sérieux auspices devait être mis sérieusement à l'étude. Eh bien! non, Messieurs : malgré les conseils donnés par un membre de l'Institut, M. le baron Thénard, un insuccès suffit pour faire abandonner mon procédé... Que dis-je? abandonner! Il fut classé, dans un rapport officiel, parmi les systèmes dangereux.

» Cet insuccès, bruyamment exploité contre moi, ne me découragea pas.

» J'eus recours, à Paris, à un ami dont les conseils ne m'ont jamais fait défaut, à M. Vidau, alors attaché à l'hôpital militaire du Val-de-Grâce, ami auquel je dois tant, que ce n'est que par suite de ses refus que je n'ai pas inscrit son nom à côté du mien quand j'ai divulgué mon procédé. Il m'indiqua une série de corps qui pourraient servir ma théorie, notamment l'hydrogène arsénié ; néanmoins il s'opposa énergiquement à l'abandon du sulfure de carbone.

» Je reviens à Montpellier; je me remets à l'œuvre, et, modérant la trop grande énergie du sulfure de carbone à l'aide du pétrole et du goudron de houille, je démontre dans les vignes de Fondaurelles, pendant le mois de décembre 1873, la puissance toxique de mes nouveaux mélanges.

» La démonstration put être appelée complète. Des membres de la Société d'agriculture de l'Hérault, de grands propriétaires du département et des départements voisins, s'étant livrés pendant plusieurs heures à de minutieuses recherches, purent à peine découvrir quelques rares insectes vivants.

» On me concéda alors que mes mélanges exercent une action mortelle contre les pucerons.

»Mais ne seraient-ils pas mortels aussi pour l'arbuste, qu'il s'agit de protéger?

»Grâce à l'heureuse et bienveillante intervention de M. le marquis de Saint-Maurice, j'ai pu faire une réponse probante et éclatante à cette question.

» M. le marquis de Saint-Maurice, sans se préoccuper des pertes que lui occasionnerait un échec de ma part, échec à la possibilité duquel je ne croyais pas, mais hautement prédit par d'autres, mit dix mille souches à ma disposition. Je les soumis à mon traitement à la fin du mois de janvier et au commencement de février 1874, et j'attendis le printemps avec la plus entière confiance. Ceux qui ont suivi cette belle opération certifieront avec moi que la reprise de la végétation a été plus hâtive dans cette vigne que dans les vignes voisines. On a introduit 80 grammes au pied de chaque souche, plus rien n'a été fait pendant l'année pour préserver la vigne, et pourtant le succès a été assez grand pour que M. de Saint-Maurice m'ait adressé l'attestation suivante :

» Montpellier, le 28 septembre 1874.

« Je déclare avoir employé le système de M. Monestier dans une vigne de
» treize séterées du domaine de Caunelle, commune de Juvignac. J'ai eu à
» me louer d'avoir employé ce moyen de guérison. L'insecte est très-rare;

» les souches, très-malades l'année dernière, repoussent; elles sont vertes
» et, malgré une végétation peu brillante, elles ont pu nourrir leur récolte.
» J'avais eu, l'année dernière, vingt pastières de raisin dans cette vigne.
» Cette année, la récolte est de dix-neuf pastières, et j'ai eu un peu de grêle.

» Marquis DE SAINT-MAURICE. »

» L'opération faite chez M. de Saint-Maurice a eu pour l'avenir de ma théorie de très-grandes et très-heureuses conséquences. La vigne de Caunelle
est éloignée de quelques kilomètres à peine de St-George, le territoire aux
vins précieux. St-George est envahi par le phylloxera. Aussi les propriétaires de ce village suivirent avec une attention constante les effets de mes
toxiques sur les souches de M. de Saint-Maurice. Convaincus par les résultats de leurs examens presque journaliers, ils ont adopté notre mode de
traitement, en même temps que l'adoptait, sur un point très-éloigné de là,
M. Louis de Plantade, dans son domaine de Rondelet.

J'ai reçu de ces messieurs la constatation suivante :

« MONSIEUR,

» Depuis le jour où vous avez fait connaître votre procédé pour détruire
» le phylloxera, il a été indiqué une foule de moyens pour débarrasser la
» vigne de cet insecte.

» Après de sérieuses observations, nous avons cru reconnaître que votre
» système est, de tous, le plus rationnel et le plus pratique.

» Nous avons reconnu et nous affirmons qu'il réunit les conditions sui-
» vantes :

» 1· Il ne nuit pas à la végétation ;

» 2· Grâce à votre idée, l'insecte est attaqué de toute part ; une grande
» partie des pucerons est détruite ;

» 3º Dans les vignes nouvellement attaquées, votre procédé arrête les
» progrès du fléau.

» Portez sérieusement votre attention sur les moyens de prolonger l'action
» toxique de vos mélanges.

» Nous espérons que, persistant dans vos travaux, vous perfectionnerez
» encore un système qui a déjà donné de très-beaux résultats et qui est ap-
» pelé, nous en avons la conviction, à rendre au pays de grands services.

» Louis de PLANTADE (domaine de Rondelet), — Dʳ. GORDON, — U. COURTY,
» — Et. COURTY, — Jules BROUSSE, — A. POUJOL, — CAMBON, — A. DAUS-
» SARGUES, — DAUSSARGUES cadet, — F. ALLIEN, — VIALA, — Eug. DELGRÈS,
» — Dieudonné ROUVIER, — Albert ICARD, propriétaires à St-George. »

» Permettez-moi, Messieurs, de vous lire aussi les lettres de deux membres du Conseil général de l'Hérault. La propriété de l'un de ces messieurs
est aux portes de Montpellier, l'autre est bien loin d'ici, dans le territoire de
Montagnac.

« Montpellier, le 28 septembre 1874.

» MON CHER MONESTIER,

» Je suis très-heureux de vous faire savoir que les expériences que j'ai
» faites chez moi contre le phylloxera, en employant vos mélanges, ont donné

» de très-bons résultats. Je les fis à trois reprises : la première, au mois de
» mars dernier ; la seconde, au mois d'avril ; la troisième, au mois de mai.
» La première fut faite sur 5,000 souches environ, qui n'étaient infestées que
» depuis peu de temps ; là le mal n'a fait aucun progrès, j'y ai eu une très-
» belle récolte.

» La seconde fut faite sur 2,000 souches environ qui, l'année passée, avaient
» à peine poussé, étaient jaunes et présentaient tous les caractères d'un
» complet dépérissement, à tel point que ceux qui me virent faire cette expé-
» rience me dirent : « Vous expérimentez sur un cadavre ; il est complétement
» impossible que ces souches fournissent jamais une végétation quelconque. »
» Aujourd'hui, certes, elles n'ont pas poussé des sarments de deux mètres
» de longueur, mais je ne saurais mieux vous faire connaître leur état qu'en
» les comparant à un jeune plantier d'une année : elles sont très-vertes et
» présentent tous les caractères d'une végétation vigoureuse.

» La troisième, faite au mois de mai, me paraît la plus concluante de toutes,
» et j'ose dire que tous ceux qui voudraient se transporter chez moi, fussent-
» ils aveuglés par la plus grande méfiance, seront obligés d'ouvrir les yeux à
» la lumière.

» J'ai fait cette expérience sur 1,500 souches environ, placées au milieu
» d'une grande vigne, dans laquelle on aperçoit de tous côtés les atteintes du
» mal. Ces 1,500 souches, à cette époque de l'année où les vignes phylloxérées
» perdent leurs feuilles, présentent une végétation aussi vigoureuse et une
» verdeur aussi remarquable qu'au mois de mai.

» J'ajoute en terminant que, sur près de 8,000 à 9,000 souches que j'ai trai-
» tées, aucune n'est morte par suite de l'application de votre système. Quel-
» ques jours après l'expérience, vingt-cinq ou trente souches me parurent
» fortement ébranlées et prètes à se dessécher ; mais, depuis, elles ont com-
» plétement repris leur vigueur et sont aussi belles que les autres.

» En somme, je ne saurais trop me féliciter d'avoir eu confiance en vous,
» lorsque vous m'avez dit en ami : Essayez sans crainte.

» Recevez mes remerciements les plus sincères, et permettez-moi d'espérer
» que bientôt l'évidence et la nécessité, surtout, obligeront les plus incrédules
» à vous rendre pleine et entière justice.

» Recevez, etc.

» Tout à vous.

» Galtier,
» Membre du Conseil général. »

« Mèze, le 29 septembre 1874.

» Mon cher Monsieur Monestier,

» Je suis heureux à tous égards, et pour vous, et pour les viticulteurs,
» de vous annoncer que l'emploi de votre procédé a réussi dans mes vi-
» gnobles.

» J'ai suivi vos opérations dès leur début, et, aujourd'hui que le but est
» atteint, je vous écris, affirmant que le résultat en est des plus satisfaisants,

» Recevez, etc.

» A. Bouliech,
» Membre du Conseil général. »

» Voilà des résultats obtenus sur plus de cent mille souches par ce système, solennellement classé parmi les systèmes dangereux.

» Il est énergique contre le phylloxera;

» Il ne nuit pas à la végétation;

» Il est économique, et ne dépasse le prix de 10 c. par souche.

» Maintenant, je me demanderai avec vous, Messieurs, si mon système est complet.

» Je répondrai: Non.

» Je crois d'abord qu'il faut avoir le soin, pour rendre mon mode de traitement irréprochable, de placer autour du col de la souche du fumier chargé de substances toxiques, afin de couper la retraite aux phylloxeras qui fuient l'influence mortelle du gaz, inconvénient que je signalais à l'avance dans une lettre que j'adressais à M. Vidau, dès le mois de mars 1873.

» Je crois qu'il faut déterminer le nombre et les époques des opérations. Pour mon compte, je conseillerai toujours deux opérations, l'une pendant l'hiver, l'autre pendant les mois de mars ou d'avril.

» Je répéterai, en me servant des expressions de M. Vidau, qu'il est encore un point important à fixer dans l'emploi de mes mélanges volatils : je veux parler du rapport pondéral qui doit exister entre la substance la plus volatile et celles qui le sont le moins. On ne peut guère, à cet égard, poser de règle absolument fixe, et l'on comprend que la composition du mélange varie avec la saison, la nature du sol, l'état de la vigne et quelques autres considérations de ce genre ; d'une façon générale, la tension de la vapeur mixte du mélange devra se trouver en raison inverse de la température ambiante, de la porosité du sol, du degré d'affaiblissement qu'aura atteint la végétation.

» M. le baron Thénard voulait que ces études fussent faites l'année dernière. Ses conseils n'ont pas été écoutés; je le déplore. Vous comprendrez facilement, Messieurs, que, si ces études et ces travaux ne sont pas au-dessus de ma bonne volonté, ils soient au-dessus des forces et des moyens d'un homme, quel qu'il soit, livré à lui-même. Je ne saurais trop attirer votre attention sur ce point.

» Si j'ai pu continuer mon œuvre jusqu'ici, je le dois à la salutaire intervention, dans ma vie, de M. le docteur Gordon, de M. le docteur Combes, de M. de Saint-Maurice.

» Permettez-moi, Messieurs, de leur donner ici un témoignage public de reconnaissance.

» Aujourd'hui j'ai prouvé que, en indiquant le principe du traitement de la vigne de bas en haut, j'avais raison théoriquement et expérimentalement.

» Je révélais, l'année dernière, au mois d'août, avec l'espoir de voir mon nom inscrit parmi les noms des hommes utiles à leur pays, mon secret à M. Gaston Bazille et à M. l'Inspecteur général de l'agriculture, qui assiste aujourd'hui à cette séance solennelle ; je révélais alors un principe plein de promesses, corroborées par des expériences heureuses.

» Aujourd'hui ce principe a produit ce que j'attendais de lui; aussi, dans l'intérêt de la vigne qui se meurt, ravagée, dévorée, je renouvelle l'appel que j'ai fait à la science en 1873.

» Certes, tant qu'on ne livrera au puceron dévastateur que des combats isolés, l'emploi de mon procédé, comme de tout autre du reste, sera un impôt annuel lourd et onéreux pour le propriétaire; mais il faut espérer qu'enfin, grâce à vous, Messieurs, vont être prises des mesures efficaces, pratiques, pour éloigner de nos vignobles la ruine qui les menace.

» Vous serez de mon avis, je le pense, lorsque j'affirmerai que, jusqu'à ce moment, beaucoup de temps a été perdu en expériences de laboratoire plus ou moins sérieuses, en vains discours, en mesquines compétitions.

» Et pourtant plusieurs départements sont ruinés, d'autres sont sur le point de l'être.

» Vous êtes réunis en Congrès, Messieurs; voulez-vous que cette réunion, qui renferme tant d'hommes remarquables par leur science, par leur amour du bien public, ne soit pas inutile, et que de ses décisions surgisse le salut? De même que vous émettez un vœu pour avoir des millions pour la construction du canal Dumont (grand et utile projet), faites accorder deux cent mille francs pour qu'on puisse se livrer immédiatement à des expériences comparatives.

» Ces 200,000 francs votés, on choisira dans toutes les régions envahies par le phylloxera, dans le Var, dans Vaucluse, en Suisse, dans l'Hérault, dans le Gard, de vastes étendues de vignes; distribuez-les par égales parts aux auteurs de quelques systèmes qui paraissent offrir quelque chance de succès.

» A la suite d'opérations multipliées, et faites dans les terrains les plus variés par leur nature, on saura quel est le système le plus efficace, le plus généralement applicable, le plus économique ; et alors, en vertu de la légitime autorité que vous donnent vos noms illustres et respectés, en vertu de l'autorité que vous donne votre science, vous indiquerez au cultivateur, qui attend son salut de cette réunion, le système qu'il doit définitivement et invariablement adopter.

» Mais vous ferez plus, Messieurs:

» Attendu que, dans notre pays surtout, l'initiative privée est souvent paresseuse, vous ferez un appel à l'État, aux Conseils généraux; vous provoquerez la mise en action de mesures énergiques, simultanées, souvent répétées, répétées jusqu'à la disparition complète du phylloxera.

» On dépensera quelques millions, mais votre intelligente initiative en sauvera des centaines, car vous conserverez une des plus grandes sources de richesse de notre beau et malheureux pays.

» Tels sont mes vœux.

» Pour mon compte, je continuerai l'œuvre que j'ai commencée, jusqu'au jour où il me sera prouvé qu'un procédé supérieur au mien a été trouvé. Ce jour-là, je me réjouirai et j'abandonnerai mes travaux.

» Je résume en deux mots tout ce que j'ai eu l'honneur d'exposer devant vous :

» Au commencement de 1873, j'ai conçu l'idée du traitement de la vigne de bas en haut; j'ai démontré la vérité de cette théorie à l'aide de l'acide sulfureux dans mon laboratoire, à l'aide du sulfure de carbone pur dans les vignes du mas de Poujol.

» Au mois d'août 1873, j'ai subi un échec retentissant à Saporta, sur soixante souches; mais, depuis, j'ai démontré la vérité de ma théorie: à Paris,

dans les serres du jardin du Luxembourg, à l'aide de l'hydrogène arsénié ;
dans les vignes de M. d'Ortoman, à l'aide du sulfocarbonate de potassium,
que M. Paul de Girard, conseiller général, me conseilla d'employer vers la
fin de 1873.

» J'oppose surtout à l'échec de Saporta mes succès obtenus sur plus de
cent mille souches, à Caunelle, à Saint-George, à Rondelet, dans le domaine de M. Bouliech, dans le domaine de M. Galtier.

» J'ajouterai que je ne connais pas de système plus économique que le mien.

» Je vous ai raconté mes travaux.

» Des idées opposées aux miennes vous seront proposées. J'ai le plus
grand respect pour des rivaux qui veulent, comme moi, être utiles à leur
pays.

» Je suis sûr que, comme moi, ils vous demanderont des applications
comparatives, dont j'ai eu l'honneur de vous soumettre l'idée. Nous saurons
tous ainsi, et bientôt, par qui et comment la vigne sera sauvée.

M. Monestier termine son discours en demandant qu'une Commission
soit nommée par le Congrès, pour faire contrôler par elle l'efficacité de son
procédé.

Cette demande est rejetée, à la suite de quelques observations de
M. J.-A. Barral.

La parole est accordée à M. COIGNET.

M. Coignet, qui est un grand fabricant d'engrais, s'est convaincu, en
lisant les travaux de MM. Henri Marès, Léon Marès, Planchon et Bazille,
que, de tous les moyens employés pour combattre le phylloxera, ce qui
réussissait le mieux était une culture rationnelle, accompagnée d'une
fumure intensive additionnée d'une forte proportion de sulfure soluble. Il
proposait donc, il y a plus d'un an, comme base de fumure la plus sûre,
la plus intensive, la plus durable, l'engrais résultant de la torréfaction des
matières animales, et, comme sulfure, le sulfure de calcium.

« Je fondais, dit-il, cette double proposition sur ce fait que les matières
animales torréfiées contiennent tout à la fois l'azote et le phosphore joints
à la matière organique, sorte d'humus nécessaire, destiné à faciliter la fermentation, la dissolution, l'assimilation des principes fertilisants.

» Quant au sulfure de calcium, je le préconisais parce qu'il peut être
obtenu en quantités illimitées et sans augmentation de prix, tandis que le
sulfure de potassium atteindra les prix les plus élevés si la consommation
s'en généralise ; mais plus encore parce que le sulfure de calcium se dissout
peu à peu, lentement, au contact de l'acide carbonique contenu dans les
eaux du sol, suivant ainsi pas à pas le dégagement de l'azote et la dissolution du phosphate contenu dans l'engrais des matières animales torréfiées.

» Dès le début, cette double proposition rencontra un accueil favorable,
et je me plais à reconnaître que M. Duponchel, ingénieur en chef de
l'Hérault, l'a préconisée, et que M. Marès, à plusieurs reprises, a bien voulu
me fournir quelques conseils bienveillants et m'encourager à persévérer.

» C'est à la suite de ces conseils que j'ai adopté un sulfure mixte de calcium, et de potassium, ce sulfure de potassium ayant le double but de fournir aux débuts, par solubilité plus grande, une émission plus rapide de gaz sulfuré, et de fournir un des éléments considérés comme nécessaires à la fertilité de la vigne, la potasse. Dans cette voie je suis parvenu à obtenir du sulfure de calcium et de potassium titrant de 60 à 70 degrés, d'où il résulte la possibilité d'offrir à la culture de la vigne un engrais provenant exclusivement des matières animales torréfiées, avec addition d'une forte proportion de sulfure mixte de calcium et de potassium.

» Cet engrais peut contenir tous les éléments de fertilisation à très-haute dose, à savoir :

Azote provenant des matières animales torréfiées............. 5 à 6 p' 100
Acide phosphorique provenant des os torréfiés................ 7 à 8 p' 100
Sulfure mixte de calcium et de potassium de 60 à 70 degrés.... 30 pour 100
Matières animales torréfiées formant humus.................. 40 pour 100

»Vous pouvez juger de l'émotion que j'ai éprouvée et de ma satisfaction profonde quand, au Congrès de Montpellier, j'ai entendu émettre des conclusions entièrement conformes à ce que j'entrevoyais, c'est-à-dire qu'à la condition d'une bonne culture rationnelle et d'une forte fumure intensive, avec addition d'un sulfure soluble, non-seulement on maintenait la vigueur de végétation de la vigne attaquée, mais on obtenait des récoltes aussi abondantes qu'avec des vignes en bon état de santé normale; de telle sorte qu'on a pu dire que, par ce mode de traitement, la vigne pouvait continuer de vivre et de produire malgré le phylloxera.

» Et, chose bien inattendue, il se trouvait que, sur ce point, tout le monde était d'accord : partisans du phylloxera-cause ou du phylloxera-effet de la submersion, de l'emploi du sable, tous ont conclu, par surcroît de précaution, à l'emploi des sulfures, joints à la fumure intensive.

»Ici se présente une grande difficulté. A quel engrais faut-il avoir recours pour donner la fumure intensive ?

» On a préconisé l'urine de vache comme ayant donné les meilleurs résultats, puis le fumier de ferme ; mais, pour avoir de l'urine de vache et du fumier de ferme, il faut avoir des vaches et des fermes, c'est-à-dire des prairies, et c'est ce qui manque le plus dans les pays viticoles.

»Il faut donc avoir recours à d'autres engrais ; malheureusement il n'existe guère dans le commerce d'engrais vraiment complet et contenant de riches proportions de tous les éléments nécessaires : les uns manquent d'azote, les autres d'acide phosphorique, d'autres encore de potasse, et surtout de matière organique animale.

» Or, que contiennent l'urine de vache et le fumier de ferme? Un peu, très-peu d'azote, de phosphate, de potasse, de matière organique, le tout dilué dans une énorme proportion d'eau ou de matières inertes, d'un transport coûteux, encombrant, difficile.

»Par conséquent, pour remplacer l'urine et le fumier de ferme, il faut nécessairement avoir recours à un engrais complet, qui renferme à haute dose tous les éléments fertilisants contenus dans l'urine et le fumier de ferme.

»Eh bien ! je ne crains pas de le dire, l'engrais qui se rapproche le plus de cette condition, c'est l'engrais de matières animales torréfiées, lequel, étant sous un petit volume, a l'avantage d'être facile à employer et à transporter et contient cent fois plus d'azote, d'acide phosphorique et de matière organique, et enfin de potasse si l'on y ajoute du sulfure de potassium, que l'urine et le fumier de ferme.

» Quoi qu'il en soit, et quel que soit l'engrais que le cultivateur adopte, il est forcé d'agir avec vigueur et promptitude. La science est à l'œuvre; mais, en attendant qu'elle ait prononcé, tous les intéressés doivent intervenir : le succès favorise quelquefois les plus diligents.

» Or il n'y a pas un jour à perdre, il n'y a plus d'illusion à se faire; les ravages du phylloxera ont atteint de telles proportions qu'ils deviennent une véritable calamité nationale.

» Déjà le département de Vaucluse, si cruellement frappé par la maladie des vers à soie et par le désarroi de la garance, a cessé, par surcroît, la culture de la vigne.

» La moitié des vignobles du Gard et de l'Hérault sont ravagés.

» On signale le phylloxera dans presque tous les pays viticoles de France.

» Que le fléau se développe encore dans les mêmes proportions que dans ces dernières années, et l'on peut craindre que, dans un temps très rapproché, la France ne perte la production du vin, cette source intarissable de richesse, qui rapporte des centaines de millions à l'impôt et à l'exportation, et qui fournit une si grande part du trafic des chemins de fer.

» En face d'une pareille calamité, le devoir de tous les intéressés est de se livrer avec ardeur à tous les essais.

» Seulement, aujourd'hui les essais sont plus faciles, car le champ en est beaucoup plus restreint ; on a reconnu qu'une foule d'insecticides ne produisaient aucun effet ; on sait que la fumure seule ou que l'emploi des sulfures seuls ne produit pas dans la pratique d'effets suffisants.

» Par conséquent, les essais doivent s'accomplir dans le cercle restreint indiqué au Congrès de Montpellier, savoir :

» Culture soignée et rationnelle,

» Fumure intensive,

» Emploi simultané des sulfures solubles.

» Et si plus tard la science découvre l'antidote du phylloxera, on peut affirmer à coup sûr que la conclusion dernière sera que le cultivateur sage et prévoyant doit rendre au sol ce qu'il lui prend et, par conséquent, avoir recours à l'emploi des engrais riches et complets, dont la vigne a peut-être été trop dépourvue jusqu'à ce jour. »

Après cette communication de M. Coignet, la séance est levée.

Séance du 28 octobre

PRÉSIDENCE DE M. DROUYN DE LHUYS

La séance est ouverte à une heure un quart.

M. DE MARTIN, secrétaire, lit le procès-verbal de la séance d'inauguration du lundi 26 octobre. Le procès-verbal est adopté après une rectification relative à la mention des deux délégations, l'une de l'Académie des sciences, l'autre de la Société centrale d'agriculture.

M. GASTON BAZILLE, vice-président, fait part à l'Assemblée du programme de la course de jeudi et des dispositions générales qui ont été prises au sujet de la fête offerte demain soir à Palavas aux membres étrangers.

Il donne ensuite communication du programme de la course de samedi à Cette et à Mèze.

M. TERREL DES CHÈNES, secrétaire, donne lecture du procès-verbal de la séance du lundi 26 octobre après midi. Quelques réclamations sont présentées par MM. Léon Marès, Michel Perret, Millet, Azam et Laliman ; ces réclamations sont admises et feront l'objet d'une rectification. Sous ces réserves et après une observation de M. le Président, le procès-verbal est adopté.

M. le Président fait connaître à l'Assemblée les titres des publications offertes au Congrès par leurs auteurs. Sur sa proposition, l'Assemblée décide qu'un rapport analytique sommaire sur ces travaux sera présenté par MM. les Secrétaires, pour être lu dans la dernière séance.

L'ordre du jour appelle la suite de la discussion sur le phylloxera.

M. MARÈS, président de la Commission départementale de l'Hérault, expose le résultat des travaux de la Commission.

M. Marès se propose d'entretenir le Congrès des faits acquis, et, à ce point de vue, il déclare que le fait capital du Congrès de Montpellier sera la démonstration et la preuve *qu'on peut combattre la maladie de la vigne, qu'on peut faire vivre et fructifier des vignes attaquées par le phylloxera sans que cet insecte disparaisse.* Ainsi la vigne peut vivre et fructifier malgré la présence du phylloxera, et n'est pas nécessairement condamnée à périr par ses atteintes.

C'est là, dit-il, le *fait nouveau*, capital et important, que je veux exposer au Congrès. Il se trouve affirmé sur plusieurs points :

1° Par des expériences directes au mas de las Sorres, dans le champ d'essai de la Commission départementale et chez M. Fermaud, propriétaire du domaine de las Sorres;

2° Chez M. Espitalier, propriétaire du mas de Roy, en Camargue;

3° Chez M. Léon Marès, au domaine de la Paille, à Montpellier, et à celui de Rouquet, près Saint-Gély;

4° Chez M. Gaston Bazille, à Lattes;

5° Chez M. H. Marès, à Launac;

6° Par l'enquête faite dans le département de Vaucluse par les soins de l'honorable président de la Société d'agriculture de ce département, M. le marquis de l'Espine.

M. Marès entretient alors le Congrès des expériences commencées depuis deux ans et demi, en 1872, au mas de las Sorres, chez M. Michel Fermaud, par la Commission départementale de l'Hérault, et poursuivies en 1873 et 1874.

Il fait ressortir les garanties que présentent les expériences par le choix des membres distingués qui composent la Commission, et par le zèle et le dévouement des deux secrétaires, chargés plus spécialement des opérations sur le terrain, MM. Jeannenot et Durand, professeurs à l'École régionale d'agriculture de Montpellier. M. Marès les signale à la reconnaissance des viticulteurs et rend hommage aux services qu'on leur doit à cette occasion.

Il expose les travaux de la Commission, dont le rapport imprimé de 1874 fait mention, et fait voir que le temps est un élément nécessaire pour juger les moyens de traitement à appliquer à la vigne; des résultats, insignifiants à une première application, s'affirment à la deuxième et la troisième année. Il insiste sur l'enchaînement que présentent ceux qui ont été observés à las Sorres en 1872, 1873 et 1874, et sur les conclusions de la Commission qui les font ressortir.

Il fait voir que si la vigne, convenablement traitée, vit et fructifie malgré la présence du phylloxera, on peut au contraire affirmer que, jusqu'à présent, elle périt le plus souvent quand elle est abandonnée à elle-même, ou que tout au moins elle se rabougrit et devient stérile.

Il examine successivement l'action des engrais et l'époque du traitement; il signale la mortalité effrayante des vignes pendant l'hiver; il insiste sur l'avantage des traitements préventifs; il conclut en indiquant la nécessité de mélanger les engrais de sulfures, parmi lesquels ceux de chaux et de potasse tiennent le premier rang.

Abordant les considérations théoriques, il dit que, lorsqu'il s'agit de l'étude d'un ensemble de faits comme celui que présente la maladie de la vigne, une théorie n'est autre chose que *l'explication qui établit un rapport commun entre tous ces faits, et qui démontre comment ils s'enchaînent.* Toute théorie se défend d'elle-même quand ses résultats sont conformes aux faits. Elle se détruit, au contraire, quand les résultats lui font défaut. C'est dans cet ordre d'idées que l'orateur expose successivement comment il envisage la maladie de la vigne, les conclusions qu'il en a tirées, la marche systématique et expérimentale qu'il a suivie pour combattre le fléau au moyen des engrais additionnés de médicaments et d'insecticides, et les résultats qu'on en obtient.

Pour moi, dit-il, l'explication de la maladie n'est ni dans le phylloxera *cause unique*, ni dans le phylloxera effet : *elle est dans le concours simultané des causes qui la produisent.*

1° Elle a d'abord une *cause caractéristique*, visible, animée, propagatrice : c'est le phylloxera à l'état de grande multiplication, de propagation ou d'invasion ;

Elle a ensuite des causes diverses qu'on trouve :

2° Dans l'influence du sol, c'est-à-dire du milieu sur la vigne elle-même et sur l'insecte ; cette cause est le plus souvent déterminante ;

3° Dans l'influence des climats, selon qu'ils favorisent la végétation des vignes ou l'affaiblissent, selon qu'ils favorisent la pullulation et l'expansion de l'insecte ou qu'ils y mettent obstacle. Dans cet ordre d'idées, les intempéries qui affaiblissent les vignes peuvent être des causes déterminantes ;

4° Dans la résistance qu'offre la vigne elle-même, selon la culture à laquelle elle est assujettie et selon la nature du cépage qui favorise ou diminue cette résistance. Ainsi la *vigne cultivée* est malade ; elle s'étiole et périt. La vigne sauvage non cultivée n'est pas malade et ne périt pas ; elle n'est pas atteinte de mortalité comme la vigne cultivée. La treille, dont l'état se rapproche de la vigne sauvage, grimpant et s'étalant sur des supports, est peu attaquée et résiste.

L'orateur signale diverses variétés de vignes européennes résistant, notamment la Passarille blanche, ou Gibi de l'Hérault, et plusieurs autres.

En résumé, le phylloxera est, pour M. Marès, une des causes de la maladie de la vigne, la cause active, animée, propagatrice ; il admet même que le phylloxera rend la vigne malade dans l'acception réelle du mot, en lui faisant subir une sorte d'intoxication dont le résultat est la pourriture des racines, qu'on observe sur une si grande échelle en hiver, à l'époque de la mort de la majeure partie des insectes et de l'hibernation de ceux qui restent, ainsi que du repos de la vigne. Il admet aussi l'influence du sol, des milieux, des intempéries, telle qu'il l'a exposée à diverses reprises.

La maladie de la vigne est donc le résultat complexe de diverses causes ayant chacune son mode d'action.

Les moyens employés et recommandés par M. Marès, pour le traitement des vignes malades, dérivent de ses idées théoriques sur la maladie de la vigne. Celle-ci résultant d'un affaiblissement du cep et de la présence du phylloxera, il faut renforcer la plante par des engrais et les moyens culturaux les plus énergiques ; il faut des agents spéciaux ayant le double

caractère de médicaments et d'aliments absorbés, comme les sulfures alcalins et ammoniacaux, et il faut détruire le plus d'insectes qu'on pourra
par la préparation des engrais dont on se sert. Les agents exclusivement
insecticides n'ont pas réussi jusqu'à présent, et paraissent insuffisants,
soit à détruire les insectes, soit à faire végéter la vigne ; ils contribuent
même souvent à faire périr un peu plus vite la plante malade. On peut
affirmer, comme l'orateur l'a toujours soutenu depuis 1868 :

1° Que nous ne perdrons pas nos vignes et notre viticulture si nous
voulons résister, sans toutefois nous dissimuler les ravages que produira
le phylloxera et les pertes considérables qu'il fera subir ;

2° Que nous conserverons nos admirables cépages, qui font la gloire
et la supériorité de nos vignobles ; résultat capital, car, s'ils périssaient,
notre fortune viticole courrait grand risque de périr avec eux ;

La théorie du phylloxera cause unique, dit en terminant M. Marès,
est encore entourée d'obscurités. Elle est forcément obligée de s'appuyer
sur l'origine étrangère du phylloxera, c'est-à-dire sur l'introduction américaine du phylloxera, fait qui est loin d'être *encore* prouvé. Jusqu'à présent, elle n'a pu pratiquement obtenir un seul succès sans l'emploi des
engrais, dont elle croyait pouvoir se passer. En poursuivant *uniquement*
le phylloxera par des insecticides, comme on l'a fait si longtemps, cette
théorie, envisagée avec son caractère absolu, faisait donc fausse route.
C'est, en effet, aux fruits qu'on juge l'arbre, et c'est à l'œuvre qu'on connaît l'ouvrier.

M. Théodore Serres demande quelle est la nature du sol du mas de las
Sorres.

M. Marès répond que c'est une terre profonde, franche, à sol calcaire
et ferrugineux.

Sur la proposition de M. Blaise (des Vosges), le Congrès vote des remerciements unanimes à la Commission départementale de l'Hérault.

Plusieurs membres demandent à répondre au discours de M. H. Marès.
M. le Président fait remarquer que l'ordre du jour appelle la discussion
sur la question des cépages américains.

L'Assemblée, consultée pour savoir si cet ordre du jour doit être conservé, se prononce pour l'affirmative.

M. Laliman, ayant obtenu la parole, s'exprime en ces termes :

« En 1869, au Congrès de Beaune, j'apportais des branches de vignes
américaines que je signalais comme résistant au phylloxera ; aujourd'hui,
j'y joins du vin obtenu avec ces cépages, et l'expérience a confirmé mon
affirmation relative à la résistance de certaines vignes américaines. J'espère
que la dégustation des vins que je soumets au Congrès dissipera bien des
préjugés.

» Comme les moments du Congrès sont comptés, je ne lirai pas la brochure intitulée : *Documents pour servir à l'histoire de l'origine du phylloxera;* suites d'études sur les vignes américaines, car j'espère que l'on en rendra compte dans les Annales du Congrès ; je me bornerai à prier M. Gaston Bazille de vouloir bien distribuer à mes honorables collègues de la Société d'agriculture une certaine quantité de graines de *Jacquez* et de *Lenoir*, cépages aussi rares que précieux, tant à cause de leur résistance aux attaques du phylloxera qu'au point de vue de la qualité de leurs vins. Je recommande ces cépages, comme supérieurs à tous autres, aux vignerons amis du progrès.

» Je saisirai cette occasion pour protester de plus en plus contre l'origine prétendue américaine du phylloxera ; c'est une erreur que j'ai partagée, mais de laquelle je suis bien revenu. Je dépose, du reste, sur le bureau une enquête officielle qui a été faite dans la Gironde sur cet intéressant sujet. Qu'il me suffise de faire observer combien sur cette question le rôle de l'historien est difficile. En voici une preuve : j'ai reçu une lettre de M. Berckmans de la Géorgie (Amérique), qui me dit que M. Planchon lui écrit pour le remercier de lui avoir envoyé « une collection de vignes américaines, qu'il » a passé la journée du 28 mars à visiter leurs racines, sans trouver un seul » phylloxera sur ces organes. »

» Je parle de cette lettre à M. Lichtenstein, beau-frère de M. Planchon ; M. Lichtenstein me dit qu'ils ont trouvé des phylloxeras sur ces vignes.

» Je crois M. Berckmans un parfait gentleman ; je crois M. Planchon un parfait gentilhomme ; mais évidemment l'histoire du phylloxera devient de plus en plus difficile à aborder (1).

» Quoi qu'il en soit, je reçois à l'instant une lettre de M. le marquis de Beaulieu, qui m'affirme, sous la date du mois d'octobre 1874, que non-seulement il n'a pas trouvé le phylloxera en Géorgie sur les vignes américaines, mais qu'il n'en a pas vu davantage sur les racines de chasselas dont les branches sont en serre et les souches en pleine terre.

» Je reçois une autre lettre de M. Oliveira Junior, de Portugal, datée du 23 octobre 1874, qui affirme que c'est en 1862 que la maladie a débuté sur les vignes de M. Lopo Varg de Gouvilhas, et que ce n'est qu'en 1864 que les vignes américaines y ont été introduites ; qu'à Regua, les vignes américaines n'ont, à l'heure qu'il est, aucun phylloxera sur leurs racines.

» Or M. Oliveira est cité par M. Planchon pour avoir donné des renseignements contraires ; vous voyez que les faits acquis sur ces points en litige sont loin d'être acquis, et que porter des jugements sur cette question est encore en ce moment chose téméraire.

» J'espère que l'on voudra bien publier l'enquête que je dépose sur le bureau, et qui conclut en disant que l'origine américaine du phylloxera ne peut, quant à présent, être élucidée.

» J'ai encore à ajouter que l'on se trompait autant sur l'origine de l'insecte

---

(1) M. Planchon ayant dit qu'il avait trouvé des phylloxeras au mois de juin sur ces vignes, j'ai ajouté tout haut qu'ils y étaient venus depuis la plantation, mais que sa lettre prouvait qu'ils n'étaient pas venus avec les vignes de M. Berckmans d'Amérique ; ce qui est d'autant plus vrai, que la propriété de M. Planchon est entourée de phylloxeras.

que sur certains cépages qu'on disait résistants au phylloxera et qui ne l'étaient nullement : ainsi le *Concord*, le *Hartford prolific*, sont morts chez moi, ainsi que dans le Var, et chez M. Fabre, dans l'Hérault. Par contre, on ne parlait pas du *Jacquez*, du *Lenoir* et des *Cordifolia*, qui résistent à merveille, particulièrement à Chibron (Var), et même dans l'Hérault chez M. Fabre, et dans le Gard chez M. Borty. »

M. Planchon rend d'abord pleine justice aux intéressantes observations de M. Lallman ; il regrette seulement de le voir s'attacher à contester l'origine américaine de l'insecte, qui est parfaitement établie. Il y a identité entre le phylloxera américain et le nôtre, les galles sont identiques aussi, et l'examen des points d'invasion montre toujours à côté de ces points une importation américaine.

M. le Président fait remarquer qu'il est moins intéressant aujourd'hui de savoir comment l'insecte est entré que de savoir comment il sortira. Il invite l'orateur à aborder au plus tôt cette question, qui est capitale.

M. Planchon, reprenant la parole, donne les détails qui suivent sur les vignes américaines :

« Les variétés, déjà très-nombreuses, de vignes américaines cultivées, dérivent toutes de quatre espèces indigènes, savoir : le *Vitis labrusca* L., à feuilles duveteuses en dessous, à gros grains ayant le goût de cassis ; le *Vitis æstivalis* Mich., à feuilles plus ou moins duveteuses en dessous, à petits grains avec ou sans goût de cassis ; le *Vitis cordifolia* Mich. (renfermant comme variété le *riparia* du même auteur), à feuilles non duveteuses (tout au plus légèrement pubescentes), à petits grains avec ou sans goût de cassis ; le *Vitis rotundifolia* Mich. (*vulpina* de la plupart des auteurs), à feuilles glabres luisantes, à bois dur couvert d'une écorce adhérente, à grains se détachant un à un de la grappe, au fur et à mesure de leur maturité. A ces dérivés directs des espèces sauvages, il faudrait joindre les hybrides de Rogers et Allen entre *Labrusca* et vignes européennes, et les hybrides d'Arnold entre ces vignes européennes et des *Cordifolia*.

» Nous excluons, ajoute M. Planchon, de cette énumération toute pratique six autres vignes sauvages, dont plusieurs donnent des raisins ou du vin usités dans leur pays natal, et pourront d'ailleurs, suivant toute probabilité, fournir à nos vignes d'Europe des sujets ou porte-greffes résistant au phylloxera : tels seraient surtout : le *Mustang* du Texas (*Vitis candicans* Engelm.), le *Post oak* ou *Vitis Lincecumii* des territoires ou États du Sud-Ouest (Arkansas, Texas, etc.) (1).

» L'intérêt qui s'attache en ce moment aux vignes américaines tient moins aux qualités intrinsèques de leurs produits qu'à ce fait, très-important pour

(1) Les caractères des vignes sauvages en question et de leurs nombreuses variétés cultivées se trouveront exposés en détail dans un ouvrage que M. Planchon va publier très-prochainement, sous le titre suivant : *Vignes américaines; leur résistance au phylloxera ; leur culture et leur avenir en Europe.* In-12. Montpellier chez Coulet, libraire, et Paris, chez Delahaye.

nous, que plusieurs de ces cépages échappent au phylloxera, ou du moins résistent plus ou moins aux attaques de cet insecte. Ce fait a été constaté en Europe par M. Laliman, dès 1869, et en Amérique par M. Riley.

» Cette immunité s'est présentée à l'esprit de quelques agriculteurs ou savants comme une ressource possible contre l'action destructive du phylloxera, soit que, comme MM. Laliman, Riley, Jules Lichtenstein et Planchon, on songeât surtout à la culture directe de ces vignes américaines résistantes; soit que, d'après le conseil de M. Gaston Bazille, on préférât ne voir dans ces cépages exotiques résistants que des sujets sur lesquels nos cépages pourraient se greffer. Mais, avant d'entrer dans cette voie et surtout d'y entraîner le public, il importait d'aller étudier sur place, aux États-Unis, les vignes de ce pays ; d'observer la manière dont chacune se comporte vis-à-vis du phylloxera, et de mettre fin aux incertitudes, aux contradictions que certains malentendus entre M. Laliman et M. Riley laissaient planer sur cette question. Tel a été l'objet de la mission dont M. Planchon a été chargé en août 1873 par M. le Ministre de l'agriculture, sous les auspices de la Société d'agriculture de l'Hérault.

» Les résultats de cette mission, résumés dans un rapport préliminaire, adressé en novembre dernier à M. le Ministre de l'agriculture, vont être repris dans un travail plus complet. Ils confirment, en somme, les observations de Risley, de Bush et, avec des modifications de détail, les observations anciennes de M. Laliman ; ils ajoutent à la liste des cépages résistants le groupe des *Vitis rotundifolia*, dont le *Scuppernong* est la variété la plus connue; ils établissent nettement le contraste entre certaines variétés délicates, telles que le *Delaware*, l'*Isabelle*, le *Catawba*, et des variétés vraiment robustes, auxquelles la présence du phylloxera laisse plus ou moins leur vigueur; telles sont, parmi les *Labrusca* : le *Concord*, l'*Ives seedling*, le *Draml Amber* ; parmi les *Æstivalis* : l'*Herbemont*, le *Cunningham*, le *Norton's Virginia*, le *Jacquez*, le *Lenoir*, etc. ; parmi les *Cordifolia* : le *Clinton*, le *Taylor*, etc. Déjà plusieurs de ces cépages ont fait leur preuve de résistance dans un milieu phylloxéré, soit à Bordeaux, chez M. Laliman ; soit à Roquemaure, chez M. Borty; soit à Montpellier, où l'expérience, moins longue il est vrai, puisqu'elle ne comprend que trois années, a mis en première ligne, comme vigueur de végétation, l'*Herbemont* et le *Cunningham*.

» Encouragés par l'exemple de M. Fabre, ancien magistrat et député du Gard, nos départements méridionaux infectés de phylloxera, l'Hérault, le Gard, Vaucluse, le Var, les Bouches-du-Rhône, plantent en grand les vignes américaines.

» Les objections ne manquent pas néanmoins de se produire contre ces essais. Et d'abord, s'il est vrai que le phylloxera soit américain, qu'il ait été souvent importé avec les vignes enracinées des États-Unis, ne serait-ce pas une suprême imprudence que l'importation de ces cépages suspects ? Oui, s'il s'agissait de les introduire dans des régions non infestées. Mais cette mesure, qu'une Société d'agriculture n'a pas craint de recommander, M. Planchon la dénonce comme un danger public, qu'il faut éviter à tout prix. Proscrire absolument l'entrée de ces vignes en pays sain, les admettre en pays phylloxéré, tel est le conseil qu'il donne, avec une conviction profonde, et que l'assentiment de l'auditoire accepte sans hésiter. »

« Autre objection : le changement de sol et de climat ne modifiera-t-il pas les qualités naturelles des cépages exotiques, même au point de vue spécial de leur résistance à l'insecte. M. Planchon n'hésite pas à résoudre la question par la négative. L'écart entre les températures d'hiver et d'été est bien plus grand en Amérique, sous une latitude égale, qu'il ne l'est dans la France : le sol, le climat, peuvent bien agir sur le *produit* de la vigne, mais non sur son tempérament propre et sur le fond même de ses caractères végétatifs. Les produits eux-mêmes, raisins et vin, pourront varier dans des limites restreintes, mais non de manière à subir des changements radicaux. L'expérience de centaines de végétaux, échangés depuis deux siècles et plus entre les Etats-Unis et l'Europe, prouve que les modifications de ces plantes, en dehors de la création de nouvelles variétés par sélection, laissent intacte la constitution de chacune, et que, dans ce cas, le mot *acclimatation* implique une idée fausse, une véritable chimère.

» En résumé, sans vouloir se faire l'avocat d'office des vignes américaines, M. Planchon insiste sur les services que ces vignes pourraient rendre, au moins pour un temps, dans les terrains secs, non submersibles, où la vigne d'Europe succombe presque totalement sous les attaques du phylloxera, alors que le traitement par les insecticides et les engrais combinés, ou par certain engrais tout seuls, dépasserait par sa cherté les revenus mêmes qu'on pourrait attendre du vignoble. Les vignes du groupe *Æstivalis*, principalement, semblent devoir rendre de vrais services, en ce sens que leur résistance au phylloxera est presque absolue, et que leurs vins, sans égaler les grands crus de l'Europe, ont néanmoins un réel mérite et se distinguent par des bouquets spéciaux bien différents du goût de cassis, qui a fait la mauvaise réputation des *Labrusca* autres que le *Catawba*.

M. LE PRÉSIDENT annonce qu'un rapport spécial sera ultérieurement présenté par la Commission chargée de la dégustation des vins américains exposés à l'hôtel Saint-Côme.

La parole est accordée à M. CORNU, l'un des délégués de l'Académie des sciences.

M. Cornu fait part au Congrès de la méthode qu'il a suivie dans l'installation de la station vinicole de Cognac. Il a recherché les conditions que devait rendre le remède le plus efficace et s'est efforcé de trouver des substances remplissant ces conditions. Il s'est d'abord attaché aux plus importantes (tuer le phylloxera sans tuer la vigne). Ce sont seulement les produits atteignant ce double but qu'il pense applicables. Leur action a d'abord été étudiée en petit : méthode rapide, commode, économique. Cela permet d'éliminer aisément un grand nombre de substances inertes ou inefficaces. Des expériences ont été faites d'abord dans des flacons sur des fragments de racines phylloxérées, ensuite sur les radicelles de vignes cultivées en pots, saines ou artificiellement phylloxérées. On a pu voir l'action comparative sur l'insecte et sur la vigne. Les substances dont on a pu ainsi obtenir de bons résultats se réduisent alors à une quinzaine seulement. Essayées dans la grande culture, plusieurs d'entre elles ont été encore éliminées pour des raisons diverses. Cinq ou six seulement paraissent mériter qu'on les étudie spécialement et qu'on concentre sur elles les expériences pratiques d'application. Ces substances émettent toujours des vapeurs toxiques. Parmi les plus actives se trouvent le sulfure de carbone et les sulfo-carbonates de M. Dumas (combinaison de sulfure de carbone et d'un sulfure), qui ne sont qu'une forme déguisée et plus maniable du sulfure de carbone.

Les expériences ont été faites par M. Mouillefert, de l'École d'agriculture de Grignon ; les résultats détaillés seront sous peu publiés par lui.

M. Henri Bouschet de Bernard a la parole et communique au Congrès le mémoire suivant, intitulé : *Solution de la question du phylloxera par les vignes américaines :*

Vers le commencement de cette année, je proposais deux moyens pour la conservation de la vigne, si fortement menacée dans son existence par les progrès incessants du phylloxera (1).

Convaincu des services que pouvaient rendre certaines vignes américaines qui résistent aussi bien en France que dans leur pays, aux attaques du funeste parasite, j'ai fait ressortir les avantages que devaient en retirer les agriculteurs, en employant un procédé de greffage simple, facile et n'exigeant qu'une faible dépense.

D'un côté, et pour les nouvelles plantations, j'indiquais la *bouture américaine greffée en cépage français, avant la plantation*; de l'autre, et au moyen de la *greffe-provin* d'une variété américaine sur nos ceps existants et non encore affaiblis par la maladie, je proposais de transformer en vignes américaines tous nos vignobles, sans perdre aucune récolte, et avec la seule dépense du premier établissement de la *greffe-provin*.

Ce que je recommandais avec la confiance d'une réussite certaine, je l'ai mis en pratique ; et les doutes que l'on aurait pu concevoir sur le succès de la *bouture américaine greffée avant la plantation* ne sont plus admissibles aujourd'hui, puisque les faits sont venus confirmer les espérances que je fondais sur ce moyen de salut pour les nouvelles plantations. Si ce mode de greffage était nouveau pour la vigne, il n'en était pas de même de la *greffe-provin*, qui depuis longtemps a fait ses preuves.

Du reste, les essais auxquels je me suis livré dans le cours de d'hiver dernier, et que je vais exposer, feront cesser toutes les objections que pouvaient soulever les procédés que je conseillais.

La bouture américaine non racinée, et greffée avant sa plantation avec une vigne française, a été essayée aux mois de février et de mars de cette année, avec des boutures de *Clinton* et de *Jacquez*. Soixante-deux boutures ont été ainsi greffées en fente avec l'*Aramon*, et plantées successivement les 19 février et 30 mars. L'expérience eût été faite sur une plus grande échelle, si j'avais

(1) *Moyens de transformer promptement, par les vignes américaines, les vignobles menacés par le phylloxera* (Coulet, éditeur, à Montpellier). — *Messager agricole, Messager du Midi, Union nationale* du 10 février 1874.

— 53 —

eu, à ma disposition des boutures américaines d'une grosseur convenable.

La bouture américaine, longue de 30 à 35 centimètres environ, a été entièrement enterrée dans une tranchée, ainsi qu'une partie du greffon d'aramon.

Les boutures de *Jacquez*, greffées et plantées le 19 février, paraissaient, à la fin du mois de mars, aussi avancées que les vignes du pays : les bourgeons étaient prêts à s'épanouir ; et, dans la seconde quinzaine de mai, je notais :. « Toutes les boutures greffées semblent avoir réussi ; leur développement est » le même que celui des vignes d'aramon plantées de simples boutures. » Depuis cette époque, la végétation a continué d'une manière normale, et aujourd'hui, à la fin de la saison, ces *aramons* greffés ont donné des tiges aussi longues que celles des simples boutures d'aramon mises en pépinière (1).

Sur soixante-deux boutures greffées, il y en avait treize de *Jacquez* et quarante-neuf de *Clinton*. Par suite d'accidents qu'il sera facile d'éviter, quelques greffes ont manqué ; le lien de quelques-unes s'est détaché avant que la soudure fut complète ; d'autres ont été ébranlées en les cultivant ; mais, en définitive, il y a aujourd'hui cinquante-deux plants d'aramon greffés, très-bien venus et pouvant être mis en place cette année. Sur les soixante-deux boutures plantées, il en a manqué quatre sur les treize greffées sur *Jacquez*, et six sur les quarante-neuf greffées sur *Clinton*.

Afin de donner plus de confiance dans le succès, je puis ajouter que, parmi les boutures de *Clinton*, il y en eut treize dont on oublia d'envelopper la greffe avec de l'argile comme on l'avait pratiqué pour les autres, et que, néanmoins, la végétation ne s'en est pas ressentie. Ces boutures ont prospéré comme les autres (2).

Le développement des greffes d'aramon a été plus considérable sur le *Clinton* que sur le *Jacquez*. La facilité de reprise des boutures de *Clinton* est un fait qu'ont pu constater tous les agriculteurs qui ont planté ce cépage, dont près de 100,000 boutures ont été importées pendant le cours de l'hiver dernier dans le midi de la France.

Les vignes américaines du genre *Æstivalis*, comme le *Jacquez*, l'*Herbemont*, le *Cunningham*, ne poussent pas aussi facilement des racines que le *Clinton* ; il faudra plus de soins et des arrosages en pépinière pour en assurer la reprise.

Le succès de l'expérience dont je viens de rendre compte me semble appelé à avoir la plus grande influence sur toutes les plantations à venir ; et, si je ne m'abuse, il faudra nécessairement recourir à la *bouture américaine greffée* partout où l'on n'aura pas le moyen de la submersion, jusqu'à ce que le phylloxera ait complétement disparu. En effet, dès à présent, il n'est plus possible de planter de nouvelles vignes, sans une grande imprudence, dans tous les pays désolés par ce fléau comme dans ceux qui en sont voisins ; et

(1) J'ai conseillé la greffe en fente et la greffe anglaise, mais d'autres modes de greffage sont également praticables, et je me propose d'essayer la greffe par approche et la greffe anglaise en double bouture, américaine et française, qui donneront probablement de meilleurs résultats.

(2) Ce n'est certainement pas un motif pour agir de la sorte ; je recommande, au contraire, d'apporter beaucoup de soins à la ligature, de la recouvrir entièrement, ainsi que le sommet du greffon, avec de la cire à greffer. On se trouvera bien d'avoir pris ces petites précautions, qui faciliteront le succès.

qui un jour ou l'autre seront attaqués à leur tour. Est-il sage, en effet, de créer un vignoble dans de semblables conditions ? de s'exposer, après l'avoir cultivé plusieurs années, à le voir périr avant d'en avoir obtenu des produits? Ce qui est arrivé dans les départements de Vaucluse et du Gard doit servir de leçon à tous les viticulteurs du Midi. On pouvait croire, dans ces pays depuis longtemps ravagés, que le phylloxera n'était plus à craindre ; malheureusement, cet espoir s'est évanoui après trois ou quatre années de culture, et ces jeunes vignes, attaquées par de nouvelles invasions de phylloxeras, ont péri à leur tour comme celles qui les avaient précédées.

En présence d'un fait semblable qui a été signalé sur plusieurs points, la reconstitution d'un vignoble par les moyens ordinaires n'est plus praticable; elle ne sera peut-être possible que dans un temps bien éloigné.

Dès lors, on comprend le rôle important que doivent avoir dans l'avenir les vignes américaines. En effet, il y a tout lieu d'espérer que les nouvelles plantations faites comme je viens de l'indiquer braveront les attaques du phylloxera, puisque la greffe ne modifie aucunement le sujet, et qu'à l'avenir, si nous ne voulons pas abandonner nos précieuses variétés indigènes, bien supérieures à celles de l'Amérique, il faudra donner à nos vignes françaises un pied américain. C'est à ce point de vue que ces vignes étrangères, considérées comme porte-greffes, me paraissent destinées à sauver nos futures plantations.

Il est certainement un moyen bien plus simple pour conserver la culture de la vigne : c'est la plantation des cépages américains, pour en avoir les produits directs.

Sans condamner ces vignes étrangères, qui nous sont encore peu connues, je crois pouvoir affirmer que, difficilement, les viticulteurs français abandonneront les variétés qu'ils ont toujours cultivées, et auxquelles les vins de France doivent leur réputation dans le monde entier. Ils ne se décideront certainement à adopter ces cépages étrangers que tout autant qu'ils n'auront pas le moyen de conserver les leurs ; et, lorsque les agriculteurs méridionaux compareront les grappes mesquines et les petits grains des meilleurs *Æstivalis* avec celles de leur opulent *Aramon*, ils ne pourront que sourire amèrement en voyant à quoi ils sont réduits et quelles sont leurs ressources pour l'avenir.

La culture des vignes américaines, qui est entièrement différente de la nôtre, amènera avec elle des changements complets dans les habitudes des vignerons. Ces variétés exigent un espacement plus considérable, la taille à long bois et l'emploi de supports ou cordons en fil de fer, procédés inconnus dans le Midi, mais qu'adopteront sans doute plus aisément les agriculteurs du Centre et du Nord. D'un autre côté, ceux-ci n'auront-ils pas à craindre que ces vignes, généralement tardives, ne puissent mûrir suffisamment leur fruit dans d'autres climats que ceux du Midi? Il est plus que probable que les uns et les autres, ayant avec la *bouture américaine greffée* le moyen de replanter dès aujourd'hui leurs vignobles, ne voudront pas employer de préférence des cépages qui leur sont inconnus et dont les produits pourront bien ne se faire accepter que difficilement.

Les détails qui précèdent suffisent pour rassurer les viticulteurs sur l'avenir des plantations qu'ils auront à faire. Dès à présent, ils connaissent le moyen de les conserver.

Quant aux vignes actuellement existantes, j'en ai proposé la transformation en vignes américaines par la *greffe-provin*.

Dans ce cas, il faudra nécessairement recourir, comme à un pis-aller, à la production des raisins américains, à moins qu'il ne résulte des nouvelles expériences que je me propose de faire, dans la campagne prochaine, la possibilité d'utiliser ces vignes pour conserver sur place nos variétés indigènes, au moyen de la *greffe-provin* faite avec une bouture américaine déjà greffée. En attendant ce résultat désirable, et que je crois certain, j'ai essayé de greffer quelques variétés américaines sur des sarments de vignes en production, et, après ce greffage, le sarment greffé a été couché comme un provin ordinaire, la partie américaine étant relevée pour former un nouveau cep.

Des provins ainsi faits, avec des *Clintons*, des *Jacquez*, des *Herbemonts*, greffés soit sur des *Aramons* en pleine vigne, soit dans ma collection sur divers cépages, ont généralement bien réussi; quelques-uns ont donné du fruit. Le développement de plusieurs de ces provins a été considérable: j'ai mesuré un *Clinton* ayant 2^m,70 de longueur; et pourtant ces greffes-provins n'avaient été faites qu'à la fin du mois de mars dernier. Il est facile de prévoir le parti que l'on peut tirer de ce mode de greffage. Reste maintenant la question du choix du cépage américain résistant.

Si le *Clinton* peut rendre de grands services comme *porte-greffe*, il ne paraît pas convenir pour ses produits. Sa grappe est trop petite; ce n'est qu'un grapillon, et ses grains, de la grosseur tout au plus de ceux du *Mourvèdre* (*Espar* de l'Hérault), ont une saveur de cassis qui pourrait bien ne pas convenir (1).

Le *Concord* résiste très-bien au phylloxera en Amérique, d'après M. Planchon; se comportera-t-il aussi bien en France? Il faut l'espérer, mais l'étude de ce cépage n'est pas encore complète; d'ailleurs, comme tous les *Labrusca*, il a le goût de cassis fortement développé. S'il fallait maintenant faire un choix parmi ces vignes étrangères, il me semble qu'il devrait porter sur les *Estivalis*, malgré la petitesse de leurs grains. Le *Cunningham*, l'*Herbemont*, le *Jacquez*, sont résistants et très-vigoureux; leurs grappes, bien que de grosseur généralement au-dessous de la moyenne, sont très-nombreuses par la taille longue, et, quoique très-petits, les grains sont juteux et sans saveur particulière. Ces vignes produisent en Amérique de bons vins; on fait, avec les raisins noirs du *Cunningham* et de l'*Herbemont*, des vins blancs imitant ceux de Madère et de Xérès, et les vins noirs du *Jacquez* sont remarquables par la richesse de leur couleur, par leur vinosité et leur bouquet. Lorsque nous connaîtrons mieux les vignes de l'Amérique, il est probable que d'autres variétés pourront entrer dans nos cultures.

Je viens de conseiller la greffe-provin, mais cette greffe suppose une certaine vigueur dans les ceps dont un des sarments est choisi pour *porte-greffe*; malheureusement, il y a beaucoup de vignes dans un tel état d'affaiblissement,

---

(1) Le *Clinton* aime les bons terrains; il y pousse avec une grande vigueur; il ne se comportera pas probablement très-bien dans les sols médiocres.

que cette greffe est impossible, les sarments n'ayant que quelques centimètres de longueur. On ne peut plus compter sur le rétablissement de ces vignes, et il semble qu'il ne reste pas d'autre parti à prendre que l'arrachage
des ceps pour les remplacer par d'autres cultures.

Je suis convaincu que beaucoup de vignes que l'on arrache aux environs
de Montpellier pourraient être utilisées comme *porte-greffe*. L'exemple de
M. Fabre, qui a greffé des vignes très-malades, est un enseignement que l'on
doit mettre à profit.

Lors de la visite des membres du Congrès international au domaine de
Fournels, M. Fabre leur a montré des souches d'*Aramon* et d'autres variétés
du pays, greffées à 25 centimètres en terre avec des *Clintons*, des *Herbemonts*,
des *Norton's Virginia*, en avril et mai derniers.

On a pu se convaincre, par les ceps qu'il avait fait arracher, que si les bourgeons supérieurs du greffon avaient poussé de vigoureux sarments, ceux
qui étaient le plus près de la greffe avaient donné de longues et grosses racines, qui, dès à présent, peuvent alimenter la vigne américaine quand le cep
d'*Aramon* greffé aura succombé au phylloxera.

Par ce moyen, M. Fabre a changé plusieurs de ses vignes en variétés américaines ; sa réussite a été aussi complète que si le greffage avait eu lieu sur
des vignes bien portantes. Il ne convient donc pas d'arracher les vignes malades, puisqu'on peut encore utiliser le reste de sève qui les anime.

Il y aurait, à mon avis, un grand avantage à employer, pour la transfor-
tion de ces vignes, des boutures américaines déjà greffées en une variété
du pays.

La bouture américaine, ainsi greffée sur le cep malade aussi bas que possible, fournirait des racines résistantes et alimenterait la partie supérieure formée par le greffon de la vigne française.

Dans ce cas, il y aurait deux greffes superposées sur le cep malade, et l'on
obtiendrait une vigne française, avec des racines américaines résistantes au
phylloxera, qui donnerait des produits dès la seconde année.

Les avantages de cette double greffe seront compris par tous les viticulteurs,
et je ne doute pas qu'un grand nombre ne la mette en pratique.

Si la simple bouture américaine greffée en *Aramon*, et plantée ensuite,
s'est comportée comme une bouture ordinaire, la même bouture étant greffée
sur un cep, quoique affaibli, poussera bien plus vigoureusement.

D'après ce qui précède, on voit que la *bouture américaine greffée en variété
indigène* répond à toutes les situations dans lesquelles peut se trouver un vignoble, pour la production des vins français ; soit que l'on veuille planter, pro-
vigner ou greffer.

Après avoir exposé les résultats de ces diverses expériences, je me crois au-
torisé à en tirer les conclusions suivantes :

1° La *bouture américaine greffée* donne la certitude que les nouvelles plantations faites suivant la méthode proposée, résisteront aux attaques du phylloxera, dont on n'aura plus lieu de se préoccuper.

Elle assure, de plus, la conservation de nos précieuses variétés indigènes,
dont la perte serait une véritable calamité. Elle permet, enfin, d'obtenir des
produits aussi tôt que par la plantation de simples boutures enracinées.

2° La *greffe-provin* sur les vignes existantes donne le moyen d'utiliser les derniers efforts des ceps menacés par le phylloxera, pour les transformer, sans perte de temps ni de récolte et sans trop de dépense, en vignes américaines résistantes, et même en vignes françaises si l'on se sert d'une bouture américaine déjà greffée.

3° Enfin, pour les vignes malades dont on n'espère plus de récolte, la *bouture américaine déjà greffée en variété française* et servant de greffon, étant insérée à 25 cent. environ au-dessous du sol sur le tronc du cep, profitera momentanément de la séve que celui-ci pourra lui fournir; elle poussera des racines qui seront résistantes, et la greffe supérieure donnera des fruits indigènes.

Ces divers modes de greffage avec des vignes résistantes me paraissent devoir résoudre pleinement la question du phylloxera.

La science est encore à la recherche d'un moyen vraiment efficace pour sauver la vigne ; jusqu'à présent, les procédés qu'elle a proposés ne sont ni certains, ni économiques ; trouvera-t-elle enfin le remède, et, dans ce cas, sera-t-il praticable, ses effets seront-ils de longue durée, où faudra-t-il, chaque année, l'appliquer sur tous nos vignobles ? C'est à l'avenir de répondre ; en attendant, le phylloxera continue son œuvre de destruction.

Les procédés agricoles que je conseille ne sont ni incertains, ni dispendieux. Pourquoi les viticulteurs ne les accepteraient-ils pas, comme une planche de salut qui leur est offerte ? En les mettant dès à présent en pratique, ils sont assurés de conserver la culture des vignes indigènes, sans avoir jamais à craindre les attaques du phylloxera.

M. Louis VIALLA, président de la Commission de l'exposition des vins, invite MM. les membres du Congrès à aller visiter cette exposition. Un rapport détaillé, rédigé par la Commission, sera ultérieurement adressé à tous les membres du Congrès.

M. TEISSONNIÈRE, en son nom personnel et sans engager en rien les membres de la Commission des vins, fait connaître au Congrès son appréciation personnelle, qui se résume en ces mots : Parmi les vins exposés, beaucoup ont un goût très-désagréable, et il convient de ne se prononcer qu'avec une certaine réserve sur l'introduction des cépages qui les produisent.

M. TERREL DES CHÊNES prend la parole, non pour entrer dans la discussion sur le phylloxera, mais pour citer, pour affirmer et pour livrer aux méditations de l'assemblée deux faits qui ne sont peut-être pas sans valeur.

Le docteur L. Roesler, de Klosterneuburg, trouvait, à la fin d'août, des familles nombreuses de nymphes logées sous les écorces de vigne, à 4 ou 5 centimètres au-dessus de la surface du sol. Or, si l'on se rapporte aux époques comparatives de maturité des vignes, la fin d'août en Autriche correspond à la fin de juillet en France.

« Le 13 octobre dernier, dit l'orateur, je constatais moi-même, à Villié-Morgon, la présence de nombreuses familles de phylloxeras sous les écorces du tronc, et notamment sur l'écorce tendre qui recouvre immédiatement le liber, et cela à 20 centimètres au-dessous du sol. Ces insectes étaient fort petits.

» En visitant les écorces à 10 centimètres, puis en descendant plus bas encore et sous le sol, les familles étaient formées d'insectes adultes et l'on y trouvait des pondeuses. D'où il suivait qu'il y a une migration ascendante d'abord, puis une migration descendante, durant ensemble de sept à dix semaines.

» N'y a-t-il pas là une possibilité d'attaque et de destruction ?

» Dans tous les cas, c'est une voie nouvelle qu'il est bon de tenter, puisque les moyens jusqu'ici préconisés font vivre la vigne, mais laissent vivre le phylloxera avec elle. »

M. Paul DOUYSSET, ayant obtenu la parole, donne les renseignements qui suivent sur les vignes américaines :

Il y a six espèces de vignes américaines : les *Labrusca*, les *Æstivalis*, les *Riparia*, les *Cordifolia*, les *Vitis candicans* et les *Rotundifolia*.

Parmi les *Labrusca*, les variétés les plus remarquables sont le *Concord*, le *Hartfort prolific*, l'*Ives seedling*, l'*Eumelan* et le *Martha*. Les quatre premières sont à fruit rouge, la dernière à fruit blanc.

Concord. — Végétation très-puissante ; cépage caractérisé par le duvet couleur rouille qui tapisse le dessous de ses feuilles ; porte beaucoup de raisins, dont la grappe est longue et le grain gros. Le vin a une jolie couleur rouge, renferme en moyenne 10.5 °/₀ d'alcool et possède un goût de framboise assez marqué.

Le *Concord* produit en moyenne 160 hectolitres par hectare.

Hartfort prolific. — Très-robuste et donne beaucoup de raisins ; la grappe est moyenne et le grain gros. Le vin a la couleur du vin du *Concord*, est aussi framboisé, mais plus alcoolique.

Le *Hartfort prolific* produit en moyenne 140 hectolitres par hectare.

Ives seedling. — Très-vigoureux et très-fertile ; la grappe est moyenne, le grain gros. Le vin a plus de couleur que ceux du *Concord* et du *Hartfort prolific*, et a, comme eux, le goût de framboise.

L'*Ives seedling* produit en moyenne 130 hectolitres par hectare.

Eumelan. — Aussi vigoureux que le *Concord* et aussi fertile ; grappe longue, grain gros. Vin excellent, sans goût de framboise.

Par malheur, l'*Eumelan* n'a été gagné que récemment de semis, et il n'est pas encore très-répandu en Amérique ; on ne peut donc pas l'importer en grand.

Martha.—Végétation vigoureuse et rapide, très-fertile; grappe moyenne, grains plutôt gros que moyens. Vin blanc de réelle valeur.

Le *Martha* produit en moyenne 130 hectolitres par hectare.

En un mot, le *Concord* et l'*Eumelan* sont les Aramons de l'Amérique ; le *Hartfort prolific* en est le Mourastel fleuri ; l'*Ives seedling* en est l'Œillade, et le *Martha*, le Chasselas.

Toutes ces variétés veulent être plantées dans de bons terrains ; le *Concord* surtout languit et dégénère dans le sol maigre.

Parmi les *Æstivalis*, les variétés les plus recommandables sont: le *Norton's*

Virginia, le *Cynthiana*, l'*Herbemont*, le *Cunningham*, le *Rulander* et le *Hermann*. Ces six variétés sont à fruit noir.

Norton's Virginia et *Cynthiana*. — Ils se ressemblent tellement qu'il est difficile de les distinguer ; très-vigoureux l'un et l'autre ; fertiles ; grappe longue, grains petits. Les vins de ces deux cépages sont les meilleurs de l'Amérique, très-rouges, très-corsés et alcooliques. Le vin du premier rappelle le vin de Bourgogne ; le second celui des côtes du Rhône.

Ils produisent en moyenne 85 hectolitres par hectare.

Herbemont. — Admirable puissance de végétation, grande fertilité ; grappe très-longue, grains moyens. Vin rouge d'un bouquet délicat.

L'*Herbemont* produit en moyenne 120 hectolitres par hectare.

Cunningham. — Presque aussi vigoureux que l'*Herbemont*, d'une croissance très-rapide, fertile ; grappe moyenne, grains moyens. Vin rouge et le plus alcoolique des vins américains ; bouquet d'une grande distinction et rappelant celui du madère.

Le *Cunningham* produit en moyenne 90 hectolitres par hectare.

Rulander et *Hermann*. — Vigueur extraordinaire, assez fertile ; grappe longue, grains moyens. Ces deux variétés donnent des vins blancs supérieurs, et que la Commission de dégustation qui vient de fonctionner à Montpellier, à l'occasion du Congrès, a jugés dignes de marcher à côté de nos bons vins blancs de France.

La production moyenne de ces deux cépages est de 50 hectol. par hect.

A un moment donné, les viticulteurs du Missouri s'étaient engoués du *Jacquez* et du *Lenoir*, mais depuis vingt ans ils ont abandonné ces deux cépages. Le *Jacquez* était très-fertile, mais sujet à toutes sortes de maladies ; le *Lenoir* donnait un vin de grand prix, mais il était presque stérile.

Les variétés de l'espèce *Æstivalis* prospèrent surtout dans les terrains médiocres où domine l'élément calcaire.

Le *Norton's Virginia* et le *Cynthiana* sont les Mourastels de l'Amérique ; l'*Herbemont* en est le Carignan ; le *Cunningham*, l'Alicante ; le *Rulander* et le *Hermann* en seraient les Clairettes, s'ils étaient à fruits blancs.

La variété la plus remarquable de l'espèce *Riparia* est le *Clinton*.

Clinton. — Végétation excessivement vigoureuse, fertile ; grappe moyenne, grains moyens. Vin rouge corsé, alcoolique, ayant un très-léger parfum de framboise.

La production moyenne du *Clinton* est de 60 hectolitres par hectare. Le *Clinton* veut être planté dans le sol le plus maigre. Dans le bon terrain comme dans le terrain médiocre, sa vigueur est telle qu'il coule tous les ans et ne produit que du bois ; dans le sol le plus maigre, il donne au contraire des récoltes relativement abondantes. Le *Clinton* est l'Espar de l'Amérique.

Comme l'espèce *Riparia*, l'espèce *Cordifolia* ne présente qu'une variété recommandable : c'est le *Taylor*.

Taylor. — Végétation aussi vigoureuse que celle du *Clinton*, peu fertile ; grappe moyenne, grain petit. Vin blanc parfumé et alcoolique.

Le *Taylor* produit, en moyenne, 40 hectolitres par hectare, et, comme le *Clinton*, il se plaît dans les sols les plus maigres. C'est aussi une espèce de clairette.

Dans l'espèce *Vitis candicans*, on remarque principalement le *Mustang*, et dans l'espèce *Rotundifolia*, le *Scuppernong*. La vigueur du *Mustang* et du *Scuppernong* est légendaire aux États-Unis ; le *Scuppernong* peut couvrir de ses rameaux une superficie d'un demi-hectare. Ils sont très-fertiles l'un et l'autre, mais ils ne pourront jamais être cultivés chez nous directement : le *Mustang*, parce que son vin est trop astringent, et le *Scuppernong*, parce qu'on ne peut pas le tailler sans le faire périr. Le *Mustang* est cependant susceptible, comme porte-greffe, de nous rendre de grands services ; quant au *Scuppernong*, son bois est si dur et sa moelle si filiforme, que toutes les tentatives faites jusqu'à présent pour le greffer ont échoné.

A côté des six espèces ci-dessus, il y a en Amérique les hybrides, obtenus en croisant ces espèces entre elles, et, parmi ces hybrides, les plus remarquables sont : le *Salem*, le *Wilder*, le *Massa soït* et le *Gœlhe*. Ces quatre cépages sont très-vigoureux et très-fertiles ; leurs grappes sont d'une longueur moyenne et leurs grains très-gros. Ils donnent des vins estimés en Amérique et qui pourraient très-bien entrer chez nous dans la grande consommation populaire.

Il y a, en outre, en Amérique, des hybrides obtenus en croisant les variétés d'origine européenne. Ces hybrides n'ont pas d'intérêt pour nous, attendu qu'ils ne résistent pas au phylloxera.

M. Paul Douysset a examiné ensuite la manière dont les cépages ci-dessus désignés se comportent vis-à-vis du phylloxera.

Ces cépages résistent, en Amérique, de temps immémorial, aux attaques de l'insecte. Ceux qui appartiennent aux espèces *Labrusca*, *Riparia* et *Cordifolia*, se défendent par l'extrême fertilité avec laquelle ils émettent des racines nouvelles. On dirait vraiment que chaque piqûre sur une racine donnée a pour effet d'en faire pousser d'autres à côté.

Les *Æstivalis*, et probablement aussi les *Vitis candicans*, se défendent par la dureté de leur écorce.

Quant au *Scuppernong*, il fait mieux que de se défendre contre le phylloxera : il ne permet même pas à cet insecte de piquer ses racines. La séve qui circule dans son système radiculaire est très-corrosive, et c'est probablement à cette propriété qu'il faut rapporter l'immunité complète dont il jouit à l'égard du phylloxera.

Après le voyage de M. le professeur Planchon en Amérique, aucun esprit sérieux et impartial ne pouvait révoquer en doute la résistance au phylloxera, en Amérique, des cépages susnommés ; mais il était permis de se demander si ces mêmes cépages résisteraient aussi en France. Aujourd'hui, il n'y a plus de doute à cet égard, et nous sommes en droit d'affirmer que le salut de notre viticulture est désormais certain.

Cette affirmation repose sur les expériences faites à la Bastide-Bordeaux (Gironde), par M. Laliman ; à Roquemaure (Gard), par M. Borty ; à Prades (Hérault) et à Montpellier, par MM. Guilbeau et Gaston Bazille.

Chez MM. Laliman et Borty, ce sont des *Hartfords prolific*, des *Norton's Virginia*, des *Cynthiana*, des *Jacquez*, des *Lenoir* et des *Clintons* de tout âge, depuis un an jusqu'à quatorze ans. Ces vignes sont restées magnifiques depuis 1866, au milieu des vignes françaises, mortes ou mourantes par suite des attaques du phylloxera.

Chez M. Guilbeau, à Prades, ce sont des *Concords* et des *Ives seedling*, âgés de quatre ans, qui ont aussi conservé toute leur énergie, au milieu des souches françaises mortes ou mourantes ; chez M. Gaston Bazille, ce sont des *Herbemonts* et des *Cunninghams* de quatre ans, plantés dans une vigne phylloxérée, et qui ont toujours montré une étonnante vigueur.

Après des faits aussi concluants, aucune incertitude n'est possible sur la résistance au phylloxera, en France, des cépages américains résistants.

Tous les cépages américains dont il vient d'être parlé méritent d'être cultivés directement, à la condition de les planter chacun dans le sol qui lui convient ; mais on peut aussi les utiliser comme porte-greffes de nos variétés indigènes, et, pour cette fonction, le *Clinton* et le *Mustang* doivent surtout être employés.

M. Henri Bouschet, le créateur du *petit Bouschet*, ce plant merveilleux qui eût fait révolution dans nos vignobles sans le phylloxera, a eu l'idée ingénieuse de greffer des boutures indigènes sur des boutures de *Clinton*, et de planter cette greffe-bouture. Il a exposé lui-même au Congrès le brillant succès qu'il a obtenu. Sa réussite a été telle que ses greffes-boutures ont mieux poussé que des boutures indigènes plantées à côté comme témoins.

Les expériences de M. Henri Bouschet démontrent que les vignes européennes prennent comme greffes sur les vignes américaines ; mais cela ne suffit pas. Les vignes européennes, ainsi greffées, donneront-elles longtemps du fruit? Sans doute, aucun fait n'autorise, jusqu'à présent, à opter pour l'affirmative ; mais il est légitime d'espérer que les vignes américaines, dont l'abondance de séve est incroyable, suffiront amplement à nourrir les vignes européennes, quelle que soit d'ailleurs la dépense de celles-ci.

Si l'expérience n'a pas encore définitivement prononcé pour le *Clinton*, elle est complète pour le *Mustang*. M. Lindheimer, botaniste à Braunfels (Texas), a écrit à M. Paul Douysset que le *Mustang*, greffé avec des variétés étrangères, donnait depuis longtemps d'excellents résultats.

A quelle distance faut-il planter les vignes américaines les unes des autres, et comment doit-on les tailler?

La distance à leur donner, d'un plant à l'autre, dépend de la vigueur du sujet. Pour le *Concord*, l'*Herbemont*, le *Cunningham* et le *Clinton*, il conviendra de planter à 2 mètres sur 2, quelle que soit d'ailleurs la nature du terrain. Ainsi procède-t-on généralement en Amérique, et ainsi a procédé, à Roquemaure, l'honorable M. Borty.

Quant aux autres variétés, qui, tout en opposant la même résistance au phylloxera, émettent des sarments et des racines moins longs, il suffira de les planter à 1 mètre 80 sur 1^m,80.

On a beaucoup crié contre la taille qu'exigent les vignes américaines, et les partisans quand même des engrais insecticides se sont fait une arme des prétendues difficultés qu'elle présente contre l'importation de ces vignes. Rien de plus simple pourtant que cette taille, et il ne faut pas avoir la moindre notion de viticulture américaine pour la donner comme un obstacle à la régénération de nos vignobles par les cépages d'au delà de l'Atlantique.

Voici comment il conviendra d'opérer : on maintiendra le tronc de la souche à une hauteur de 30 à 40 centimètres, et, sur ce tronc, on laissera tous les ans, suivant la vigueur du sujet, soit trois, soit quatre, soit six, soit même huit coursons, qu'on taillera sur huit yeux en moyenne.

Quand des coursons, ainsi taillés, seront rigides, et ce cas se présentera le plus souvent avec les *Æstivalis*, dont les nœuds ne sont pas très-écartés les uns des autres, il n'y aura pas d'inconvénient à les abandonner à eux-mêmes, car ils ne fléchiront pas sous le faix de la récolte suivante, et les raisins seront toujours à une hauteur raisonnable du sol.

Quand, au contraire, ces coursons seront flexibles, on les redressera en rapprochant leurs extrémités, qu'on attachera en faisceau au moyen d'un lien quelconque; les coursons se prêteront ainsi un mutuel appui et garderont une position convenable. Si, par hasard, ils penchaient trop d'un côté ou de l'autre, on aurait recours à un tuteur.

Le *Clinton* exige seul une taille spéciale, la taille à éperon, qui consiste en ceci : au lieu d'enlever tous les sarments que porteront les coursons taillés sur huit yeux, on laissera les plus vigoureux et on les taillera sur deux yeux.

M. Paul Douysset a terminé en exprimant l'opinion que, en remplaçant nos vieilles variétés indigènes par les vignes si jeunes, si vigoureuses et si fertiles du Nouveau Monde, on imprimera à la viticulture française un essor qu'elle n'a pas encore eu.

M. PETIT, de Nîmes, propose l'emploi du coaltar pour combattre le phylloxera et assure en avoir obtenu de bons effets. Cette substance coûte 5 fr. les 100 kilogrammes.

M. LE PRÉSIDENT fait remarquer que M. Rommier, délégué de l'Institut, doit se rendre à Nîmes pour vérifier le résultat des expériences de M. Petit. Il n'y a donc pas lieu de maintenir la parole sur ce sujet à l'orateur.

La séance est levée à cinq heures et demie.

Séance du 30 octobre

PRÉSIDENCE DE M. DROUYN DE LHUYS

La séance est ouverte à une heure et un quart.

M. le PRÉSIDENT communique aux secrétaires diverses lettres et brochures déposées sur le bureau, en les invitant à en faire un rapport sommaire. Il annonce, en outre, que M. Demolle, délégué officiel du gouvernement fédéral suisse, vient d'être accrédité auprès du Congrès viticole comme délégué de la Société des arts de Genève et du Cercle des agriculteurs de la même ville. Il lit enfin une lettre de M. le Président du Cercle artistique de Montpellier, invitant les membres du Congrès à assister à un concert qui doit avoir lieu samedi soir, 31 de ce mois. Sur la proposition de M. le Président du Congrès, des remerciements sont votés au Cercle artistique de Montpellier.

M. C. Saintpierre donne lecture du procès-verbal de la séance du 28.

A l'occasion du procès-verbal, M. Planchon lit la déclaration suivante :

« Quelques amis de M. Pulliat se sont émus des paroles que j'ai dites avant-hier, au sujet de la connexion possible entre la présence du phylloxera en Beaujolais et l'existence, sur ce même point, de vignes américaines importées. L'estime profonde et la sympathie que je professe pour l'éminent ampélographe de Chiroubles me font un devoir d'atténuer, sinon d'effacer, l'impression que ces paroles, provoquées par une interpellation inattendue, auraient pu produire, contre mon gré, sur une partie des membres du Congrès.

» Voici donc, sous forme de déclaration méditée et non de parole improvisée, ce que je crois devoir répéter à cet égard :

» Premièrement, malgré des fouilles réitérées et une investigation minutieuse des feuilles, je n'ai pu découvrir de phylloxera, ni sur les racines, ni sur les feuilles de la collection de vignes américaines de M. Pulliat ; c'est là un fait dont je lui donne acte avec d'autant plus d'empressement, qu'il avait lui-même provoqué cette recherche en en acceptant d'avance les conséquences.

» En second lieu, l'idée que ces cépages américains auraient pu être les importateurs de l'insecte repose, non pas sur des preuves directes, mais sur une pure présomption, sur des raisons d'analogie qui peuvent être contestées. Rien ne prouve, par exemple, que ·d'autres modes d'importation ne puissent expliquer un jour la présence du phylloxera à Villié-Morgon et à Vaux-Renard.

» Enfin, la seule chose que je veuille retenir de mes paroles improvisées, c'est que M. Pulliat est peut-être l'homme qui connaît le mieux, scientifiquement et pratiquement, les variétés de vignes du monde entier; qu'il a rendu et rend tous les jours d'éminents services à la viticulture, que sa générosité égale son talent et sa modestie ; que par lui, enfin, il nous est donné d'étudier sur place, et en fruit, la plupart des vignes américaines qui, dans les circonstances actuelles, excitent un légitime intérêt. A tous ces titres, M. Pulliat mérite d'être acclamé comme un des bienfaiteurs de la viticulture française. »

M. Terrel des Chènes, revenant sur ce qu'il avait dit dans la précédente séance, relativement à la présence du phylloxera, qu'il avait découvert, le 13 octobre, sur la souche à 0^m, 20 au-dessus du sol, déclare qu'il vient d'apprendre que ce fait avait déjà été signalé par M. Lajoly, de la Gironde, à qui il s'empresse de restituer le droit qu'il a à la priorité de cette découverte.

M. Rommier, répondant aux allégations de M. L. Petit, de Nîmes, en ce qui le concerne, déclare qu'il a fait un rapport à l'Académie des sciences sur le procédé recommandé par M. Petit, et qu'il n'a rien à y ajouter.

Le procès-verbal est adopté.

M. le Président remercie, au nom des étrangers présents au Congrès, la Société d'agriculture de l'Hérault, pour la fête qui lui a été offerte à Palavas.

La parole est donnée à M. Lichtenstein, pour traduire le résumé du discours en allemand que M. Roesler, directeur de la Station expérimentale d'œnologie de Klosterneuburg et délégué du gouvernement autrichien, avait préparé pour le Congrès. M. Lichtenstein s'exprime ainsi :

Messieurs,

» Le savant délégué de l'Autriche me prie tout d'abord de vous exprimer sa profonde reconnaissance pour le sympathique accueil qui lui est réservé et pour l'honneur que vous lui avez fait de lui désigner une place au bureau du Congrès.

»L'Autriche n'est pas plus épargnée que la France par les atteintes du cruel fléau qui dévaste nos vignobles ; mais, quelle que soit l'étendue du mal dont M. Roesler a pu constater les désastreux effets sur tant de points, il espère que les efforts réunis des personnes de tout rang et de toute condition, qui, en France ou à l'étranger, s'occupent de cette grave question, aboutiront à quelque résultat. Cet espoir s'est accru depuis qu'il a vu l'énergie déployée par vous pour combattre l'ennemi ; il vous remercie de ce qu'il a appris chez vous et il vient vous apporter ses propres observations, afin que vous puissiez en tirer quelques utiles renseignements en les comparant aux vôtres.

» Les travaux antérieurs des savants autrichiens, et en particulier ceux de M. Roesler, qui ont paru dans diverses publications allemandes et ont été résumés par le *Messager agricole* et le *Moniteur vinicole*, ont amené chez la généralité des personnes qui se sont occupées de la question la conviction que le phylloxera est d'origine américaine, et qu'il est la seule et unique cause de la maladie des vignes.

» D'accord sur ce point, les Autrichiens se sont préoccupés surtout de l'étude de l'insecte et des moyens de le détruire.

» Sur le premier point, malgré les travaux français, auxquels M. Roesler rend hommage, il reste encore bien des lacunes à combler, et les observations faites à Klosterneuburg n'ont rien appris de nouveau, sauf quelques légères variations dans les habitudes, dont la plus remarquable serait la transformation de l'insecte ailé qui s'opérerait contre le cep, tandis que chez nous elle n'a été observée que sur le sol. Du reste, même incertitude sur le rôle de ces individus ailés et parfaite conformité d'histoire en ce qui concerne les aptères hibernants, à l'état de jeune larve, sans grossir, jusqu'en mars ou avril.

» Quant aux remèdes, nous retrouvons en Autriche à peu près les mêmes essais qu'en France. Cependant M. Roesler désire arrêter un moment votre attention sur un procédé qui lui est propre, et dont les résultats sont satisfaisants.

» Partant de l'idée, partagée par beaucoup de savants, que les gaz, dégagés sous terre, atteindront plus efficacement que tout autre insecticide l'insecte qu'il faut détruire, M. Roesler a pensé à l'hydrogène phosphoré, gaz éminemment délétère pour les animaux et n'ayant au contraire qu'une influence favorable sur la végétation.

» Pour introduire sous terre les corps solides qui doivent, en se combinant, dégager cet hydrogène phosphoré, M. Roesler pratique, avec un pal en fer, un trou d'un mètre à un mètre cinquante centimètres de profondeur, dans lequel il introduit une cartouche de dynamite, à laquelle il met le feu par une mèche de mine. L'explosion, tout en désagrégeant le sous-sol sur un périmètre assez étendu, laisse un trou béant de dix à douze centimètres de large, dans lequel on jette alors successivement une poignée de chaux vive et un morceau de phosphate gros comme une noisette, en répétant l'opération jusqu'à ce que le trou soit rempli ; on verse alors un peu d'eau et on bouche le trou avec une pelletée de terre argileuse, sur laquelle on piétine légèrement.

» Au contact de l'eau, la combinaison du phosphore et de la chaux a lieu, et le gaz hydrogène phosphoré, produit de cette combinaison, pénètre partout et tue instantanément tous les insectes. Ce gaz est spontanément inflammable à l'air libre, et de petites flammes comme des feux follets surgissent des fentes du sol, mais sans aucun danger pour les ouvriers.

» Toute la chaux n'est pas consommée par cette production de gaz phosphoré, et M. Roesler trouve moyen d'utiliser plus tard cet excès de chaux, si le besoin s'en fait sentir, en pratiquant une petite ouverture dans le couvercle en terre glaise ou en argile qui ferme le trou et y versant du sulfate d'ammoniaque. Quand ce liquide arrive à la chaux, il y a nouvelle combinaison, et ce sont alors des vapeurs ammoniacales, également nuisibles aux insectes et favorables à la végétation, qui pénètrent dans le sous-sol.

» En terminant, le directeur de l'École de viticulture de Klosterneuburg invite les membres du Congrès qui pourraient avoir occasion de venir en Autriche à lui faire une visite, leur promettant un sympathique accueil. »

Après avoir ainsi résumé le travail de M. Roesler, M. Lichtenstein demande au Président la permission d'ajouter quelques mots sur les récentes découvertes qu'il a faites, en observant les migrations des individus ailés. La parole lui étant accordée, il s'exprime ainsi :

MESSIEURS, comme M. Roesler vous l'a dit et comme nous l'avons reconnu nous-mêmes, M. Planchon et moi, dans nos diverses publications, il y a beaucoup de lacunes à combler encore dans l'histoire complète des métamorphoses du phylloxera, et il est fort désirable d'arriver à connaître à fond les mœurs de notre ennemi pour arriver à le détruire.

» Je ne suis pas professeur : simple négociant commissionnaire en vins, je puis me tromper sans que ma réputation scientifique en souffre ; c'est pour cela que je me suis hasardé à publier nos découvertes, sans attendre l'époque où de nouvelles observations pourront les confirmer ; car une indication, même quand elle n'a pas toute la précision voulue, peut guider les esprits dans une voie féconde en résultats.

» Or voici ce que j'ai vu : du 15 août à fin septembre, un grand nombre de phylloxeras prennent des ailes et s'envolent. À cette même époque, et du soir au matin, les feuilles du petit chêne kermès (*Quercus coccifera*) se couvrent de phylloxeras ailés.

» Ces individus ailés déposent sur les feuilles de chêne kermès de petites enveloppes soyeuses, d'où sortent, au bout de très-peu de jours, des insectes aptères privés de suçoir, qui sont, les uns des mâles, et les autres des femelles.

» Ces insectes sexués s'accouplent immédiatement, et la femelle pond bientôt après un œuf excessivement gros, dont je n'ai pas encore vu le produit, mais qui inévitablement donne naissance à la mère fondatrice de nouvelles colonies.

» Le jour où je fis cette découverte, je trouvai sur le chêne kermès deux espèces de phylloxera, l'une jaune et l'autre rouge ; ne pensant pas qu'il y eût dans notre pays d'autres phylloxeras que celui de la vigne et des feuilles du chêne, j'attribuai aux deux espèces les mêmes habitudes et je publiai ces observations.

» Mais, en soumettant mes insectes du chêne kermès au microscope, je vis que, pour quelques-uns d'entre eux, j'avais affaire à une troisième espèce, non encore signalée dans notre pays, mais qui ne m'était pas inconnue, puisque je l'avais moi-même nommée déjà en 1871 « *Phylloxera Rileyi* », d'après les types venus en alcool des États-Unis.

» J'ai voulu recommencer mes recherches, mais les pluies sont arrivées, les insectes ailés ont disparu, et je suis obligé d'attendre à l'année prochaine pour éclaircir la question.

» Je fais donc toutes réserves quant à l'*espèce*, en maintenant ce que je viens de dire sur les habitudes du *genre Phylloxera*. Je renvoie mes auditeurs aux tableaux synoptiques publiés dans les *Comptes rendus de l'Académie des sciences* et dans les *Annales de la Société entomologique de France*, pour les différences des espèces entre elles.

» Mon seul but a été, je le répète, d'attirer l'attention des chercheurs sur les migrations du phylloxera ; car il y a évidemment un moment dans son existence où il abandonne ses retraites souterraines pour s'accoupler et aller ailleurs porter ses ravages. Il faut absolument découvrir ce mystère pour l'attaquer utilement. »

M. Drouyn de Lhuys, en remerciant l'orateur, dit que Christophe Colomb en voulant découvrir les Indes découvrit l'Amérique, et espère que la voie ouverte par M. Lichtenstein conduira à quelque résultat fécond.

Sur la demande de plusieurs membres du Congrès, M. le Président consulte l'Assemblée pour savoir si elle entend conserver l'ordre du jour fixé pour la séance, ou continuer la discussion sur le phylloxera.

L'Assemblée se prononce pour la continuation de ce sujet.

M. Destremx, député de l'Ardèche, rappelle les travaux faits par la Commission législative du phylloxera ; il pense que, pour aider dans sa tâche cette Commission, il conviendrait d'émettre un vœu, qui serait présenté à l'Assemblée nationale, sur les mesures à prendre contre le phylloxera. Il propose la formule suivante :

« Le Congrès, convaincu du danger qui menace la viticulture française, émet le vœu que l'Assemblée nationale facilite le plus promptement possible, par des mesures législatives, les submersions et les irrigations, ainsi que tous les moyens qui paraissent de nature à sauver les vignobles, qui sont actuellement menacés d'une destruction complète par le phylloxera.»

Cette formule est adoptée.

M. de Saint-Trivier a la parole. Il rend compte de la marche du phylloxera dans le Rhône, et indique un procédé de destruction de cet insecte qu'il dit avoir employé avec succès. Le phylloxera est dans ce département depuis trois ans; sa présence a d'abord été constatée à Ampuis; il est aujourd'hui à Villié-Morgon, à plus de 150 kilomètres de là. Il l'a découvert chez lui, à Vaux-Renard, au commencement de juillet; les phylloxeras étaient groupés sous la première écorce des ceps. Il a traité les vignes attaquées par du coaltar, mêlé à de la sciure de bois. Il constate aussi l'influence des pluies, de l'altitude et de la température, sur la propagation du phylloxera.

Au nom de M. Denis, chef des cultures du jardin botanique du parc de la Tête-d'Or, à Lyon, il expose un procédé de guérison proposé par ce dernier: M. Denis emploie deux ou trois litres d'eau bouillante, additionnée de 10 pour 100 de jus de tabac, sur les racines du cep mises à nu, et complète ce traitement par une fumure formée de 3 à 4 kilogrammes de bon fumier d'étable.

M. Loubet, président du tribunal civil et du Comice agricole de Carpentras, lit ensuite le discours suivant :

Je dois d'abord dire un mot des titres qui recommandent à la bienveillante attention du Congrès, non mon humble personne, mais les quelques observations que je me propose de lui soumettre.

Je suis, ou plutôt j'ai été, propriétaire de vignes malades, aujourd'hui complétement détruites, et que j'ai vainement essayé de traiter pendant un certain temps.

D'un autre côté, j'appartiens à l'un des départements de France le plus cruellement frappés par la maladie, puisque, de 30,000 hectares de vignes que nous possédions il y a quelques années, il ne nous en reste aujourd'hui que quatre ou cinq mille.

Enfin j'ai été appelé, soit comme président du Comice agricole de mon arrondissement, soit comme membre de la Commission départementale de Vaucluse, à vérifier une foule de faits, à contrôler un grand nombre d'expériences, et j'ai pu me faire, non point certes sur toutes les questions qui se rattachent à la maladie de la vigne, mais du moins sur quelques-unes d'entre elles, des idées parfaitement arrêtées, que je demande la permission de développer, aussi succinctement que possible, devant le Congrès.

On peut réduire à deux les questions actuellement soumises au Congrès viticole :

Quelle est la nature du mal dont souffre, depuis quelques années, la vigne ?

Quel traitement convient-il d'appliquer à ce mal ?

Vous connaissez, Messieurs, toutes les discussions qui se sont élevées dans ces derniers temps sur la première question. Le phylloxera est-il la cause ou l'effet de la maladie ? Malgré tout ce qui s'est dit, malgré tout ce qui s'est écrit, il est permis de croire que le problème n'est pas encore complétement résolu ; peut-être ne le sera-t il jamais. Pour mon compte, je suis d'avis que la question est mal posée ; qu'il y a du vrai et du faux dans l'une et l'autre théorie, et que toutes les deux, entendues dans un sens absolu, sont en contradiction avec la raison, les vraisemblances et les résultats acquis. C'est à des causes multiples, et non à une cause unique, qu'il faut attribuer, selon moi, les désastres dont nous sommes victimes. Mais je me garderai bien d'aborder ici cette thèse. Le temps presse, l'heure est passée des discussions théoriques, et je m'empresse d'arriver à la question pratique, la seule dont le Congrès veuille s'occuper : celle du traitement.

Le nombre des procédés qui ont été mis en avant dans ces dernières années est véritablement prodigieux. Depuis 1868, chacun a eu son plan de campagne, son invention nouvelle, son engin de destruction, qui devait infailliblement arrêter le mal. Inutile de rappeler ces procédés, qui ne se recommandent, pour la plupart, que par leur côté ridicule. Je veux m'en tenir à ceux qui ont été recommandés par les hommes les plus autorisés, et qui ont acquis, par conséquent, le plus de notoriété dans le monde viticole.

Les moyens proposés pour combattre la maladie de la vigne forment deux catégories : les moyens préventifs, les moyens curatifs ou répressifs.

En dehors de ceux que j'indiquerai tout à l'heure, je crois peu à l'efficacité des moyens curatifs, mais je suis grand partisan des préventifs. Je regrette que l'attention des publicistes et de tous ceux qui se sont occupés sérieusement de la question ne se soit pas portée plus particulièrement de ce côté, dès l'apparition de la maladie, comme je le demandais il y a six ans, et comme je l'ai demandé à plusieurs reprises depuis lors. En effet, s'il est à peu près impossible de détruire le puceron une fois qu'il a pris possession d'une vigne, peut-être serait-il facile de l'arrêter au passage, au moment de sa venue, et de créer un milieu qui pût contrarier ses conditions d'existence. C'est le cas d'appliquer ici l'excellente maxime des anciens : *Principiis obsta*. Le mal qu'il n'est pas difficile de combattre à son début échappe plus tard à toutes les puissances humaines.

Maintenant, quels sont ces moyens préventifs ? Quant à moi, je les admets tous : cultures profondes, assainissement préalable du sol, fumures abondantes, choix des meilleures expositions et des cépages les plus robustes, emploi de poudres à odeur forte et pénétrante, badigeonnage et échaudage des souches, tous, en un mot, excepté ceux proposés par l'honorable M. Bouley, membre de l'Institut, dans son rapport à l'Académie des sciences.

D'après M. Bouley, pour qu'il devienne possible à l'Administration de l'agriculture de lutter contre le phylloxera, deux moyens principaux se présentent :

Détruire, par décision ministérielle, les vignes infectées, toutes les fois que cette destruction sera jugée nécessaire pour empêcher la propagation du mal ;

Interdire la replantation de la vigne sur le terrain défriché, pendant un temps assez long, c'est-à-dire après que le terrain aura été livré à une autre culture.

Il est permis de se demander comment l'Académie des sciences a pu donner une approbation si facile à de telles propositions ; comment elle a pu croire sérieusement que ce serait en légiférant, et à coups de règlements administratifs, qu'on parviendrait à se défaire d'un pareil ennemi. Ne vaudrait-il pas tout autant déclarer le phylloxera *traître à la patrie* et enjoindre à tous officiers de justice et dépositaires de la force publique de lui *courir sus* ?

M. Bouley propose d'appliquer au phylloxera « des mesures analogues à celles dont l'Administration s'est servie avec tant de succès contre la peste bovine. »

Je recherche vainement quelle analogie peut exister entre les animaux de l'espèce bovine et cet animalcule microscopique qui vit dans les profondeurs du sol et auquel la plus petite racine peut servir d'abri. Assurément il est fort à regretter que cette analogie ne soit pas plus réelle, car la plupart des difficultés qui nous arrêtent disparaîtraient immédiatement.

Parlons sérieusement, Messieurs, et voyons si la mesure proposée par l'Académie des sciences, relativement à l'arrachage forcé des vignes, se recommande par son caractère pratique.

Selon moi, elle ne serait pas seulement arbitraire, en ce sens qu'elle ne s'appuierait sur aucune disposition législative spéciale à la matière ; elle serait en même temps inutile et impraticable.

Inutile, par le motif que, tant que le mal est à l'état latent, rien n'indique que la vigne souffre, et que, dès que les premiers symptômes du mal paraissent, la vigne est déjà attaquée sur tous les points, ce qui fait que l'arrachage arrive trop tard. Aussi le jeune savant que nous avons entendu ici, il y a quelques jours, avec tant d'intérêt, M. Cornu, délégué de l'Académie des sciences, constate-t-il, dans un de ses écrits, qu'elle a été expérimentée sur plusieurs points, et qu'elle n'a donné nulle part de bons résultats.

Il est vrai que le rapporteur de l'Académie demande qu'on arrache, nonseulement les vignes *malades*, mais encore les vignes *avoisinantes* et même les vignes *suspectes*. En l'état, il est bien évident qu'on ne saurait donner suite à cette étrange proposition, puisqu'il faudrait une loi et qu'il n'en existe aucune ; mais, si la loi qu'on sollicite devait être rendue par l'Assemblée nationale, je ne demanderais qu'une chose : c'est qu'on chargeât de son exécution l'Académie des sciences elle-même, et spécialement son rapporteur.

J'ajoute que la mesure serait impraticable, en ce sens qu'il faudrait nécessairement avoir recours à la force matérielle pour mener à bonne fin une pareille entreprise. Nos bons paysans sont comme Rachel, ils espèrent contre toute espérance, et, tant qu'ils conserveront une lueur d'espoir, ils s'opposeront énergiquement à tout fait qui tendrait à leur enlever violemment cet arbuste bien-aimé, objet de leurs plus chères préférences, et qu'ils ont tant de fois arrosé de leur sueur.

Je ne puis qu'effleurer en courant cette importante question de l'arrachage forcé, qui exigerait, pour être traitée à fond, bien d'autres développements ; mais je ne veux pas finir sans poser à tous ceux qui pourraient partager encore l'opinion de l'Académie cette simple question : si la loi qu'ils demandent avait existé en 1868, où seraient aujourd'hui tous ces vignobles, autrefois si gravement atteints, aujourd'hui guéris, qui donnent d'abondantes récoltes ? Où seraient les vignes de M. Faucon, guéries par la submersion ? Où seraient les vignes de M. Espitalier, guéries par l'ensablement ?

N'insistons pas, Messieurs, et arrivons aux plantations nouvelles, dont on demande l'interdiction absolue, toujours par *voie administrative.*

M. le Rapporteur est d'avis qu'il y aurait de très-graves inconvénients à permettre aux propriétaires de replanter leurs terres en vignes, *tant que le fléau n'a pas complétement disparu.*

M. Cornu avait déjà exprimé la même opinion dans un de ses écrits. Il ajoutait que « les personnes influentes dans leur pays, qui encourageaient de malheureux paysans, déjà victimes de tant de déceptions, à tenter une telle entreprise, encouraient *une bien grande responsabilité.* »

Je ne conteste pas les inconvénients que peut offrir la replantation ; mais je ferai observer que ces inconvénients peuvent être atténués en grande partie par certaines précautions, et qu'en tout cas, « ces malheureux paysans » auxquels fait allusion M. Cornu ne prennent conseil de personne et ont l'habitude de ne consulter que leurs propres instincts. Les habitants de nos campagnes n'ont pas généralement pour l'eau cette immense passion que manifestait un des orateurs que nous avons précédemment entendus. En voyant disparaître leurs vignes, ils se sont résignés à ne plus boire de vin, pensant bien que le sacrifice ne serait que temporaire, et que MM. les savants, qui viennent à bout de tout, finiraient bien par trouver un remède contre la maladie. Ils ont attendu longtemps, bien plus longtemps qu'ils ne l'avaient cru d'abord, et le remède n'est pas venu. C'est alors qu'ils se sont mis en tête, malgré leur profonde ignorance en botanique et en histoire naturelle, de faire à leur tour leur petite expérience et d'essayer de reprendre au phylloxera ce que le phylloxera leur avait si brutalement enlevé.

Franchement, Messieurs, croyez-vous qu'ils aient grand tort en agissant ainsi, et ne faut-il pas voir, au contraire, dans ce fait une nouvelle preuve de cette ardeur généreuse qui anime à tous les degrés la grande famille agricole et doit tôt ou tard assurer le salut ? Quant à moi, tel est mon sentiment bien profond. Je ne puis parler qu'avec admiration de tous ces prodiges d'abnégation, de courage, de persévérance, dont je suis tous les jours le témoin, et, bien loin de m'en alarmer, je vois là une force morale considérable, dont il convient de tenir grand compte et qu'il faut bien se garder de laisser dissiper.

En résumé, je ne vois qu'une chose à faire : laisser à ceux qui veulent arracher, comme à ceux qui veulent replanter, liberté entière. L'intérêt privé n'est-il pas, après tout, ce qu'il y a au monde de plus actif, de plus intelligent, de plus clairvoyant ? Quant à faire intervenir l'Administration en ces matières, je crois que ce serait une mauvaise mesure, qui présenterait des difficultés inextricables. Indépendamment de la profonde répugnance qu'inspire, dans une société démocratique, toute intervention violente du pouvoir central, ce serait s'exposer à enlever à l'autorité publique le peu de popularité qui lui reste et dont elle a plus besoin que jamais, avec ce régime de suffrage universel sous lequel nous avons le bonheur de vivre.

Après les moyens préventifs viennent les moyens curatifs.

Cette question a eu aussi l'insigne honneur d'occuper l'Académie des sciences, et c'est son illustre secrétaire perpétuel, M. Dumas, l'une des plus pures illustrations de notre Midi, qui a été chargé de rédiger le rapport de la Commission.

L'éminent académicien propose trois moyens : noyer le phylloxera, l'ensabler, l'empoisonner. En d'autres termes, trois moyens existent, d'après lui, pour guérir la maladie, dont il considère le phylloxera comme la *cause unique* : la submersion des vignes, l'ensablement, les insecticides.

Le rapport ne s'explique pas sur les cépages américains ; j'imiterai sa réserve. J'ai l'habitude de ne parler que des choses que je connais bien, et j'avoue que je n'ai encore aucune opinion arrêtée sur la valeur et l'avenir de ces plants. Je me demande seulement, dans ma simplicité d'homme pratique, s'il n'y a pas une haute imprudence, en admettant que le fameux puceron soit originaire d'Amérique, à s'adresser à cette terre classique du phylloxera pour la reconstitution de nos vignobles ?

M. Dumas place avec raison, en première ligne, parmi les moyens curatifs, la submersion des vignes. Certes, ce n'est pas moi qui viendrai contredire cette opinion. Il y a déjà bien longtemps que la Commission départementale et la Société d'agriculture de Vaucluse ont appelé sur les travaux de l'intelligent viticulteur de Graveson l'attention des savants et des praticiens. J'ai moi-même appelé M. Faucon un *sauveur*, à une époque où ses expériences n'excitaient que l'indifférence et quelquefois le dédain, et M. Faucon sait mieux que personne combien j'ai applaudi du fond du cœur à la juste distinction dont il a été dernièrement l'objet. Je ne puis donc que répéter ici ce que j'ai dit tant de fois : c'est que le procédé de la submersion des vignes est le plus sûr, le plus facile, le plus économique de tous, et qu'il faut s'empresser de l'appliquer partout où il peut l'être. Il faudra seulement, pour donner à ce procédé toute l'efficacité dont il est susceptible, que le grand canal auquel le Congrès a donné, il y a quelques jours, une adhésion si éclatante, soit promptement entrepris et exécuté. J'ai entendu dire autour de moi que ce travail serait cher et pourrait bien s'élever à 200 millions. Je répondrai que la question d'argent est d'un ordre bien secondaire en pareille occurrence, et que, lorsqu'on dépense 100 millions pour une salle d'opéra, qui ne doit profiter qu'à quelques privilégiés, on peut bien en dépenser 200 pour construire un canal destiné à sauver une grande industrie nationale.

Je n'ai que quelques mots à dire sur le second moyen : l'ensablement. C'est encore la Société d'agriculture de Vaucluse qui a eu la bonne fortune d'appeler la première sur ce procédé l'attention publique. Un de mes honorables compatriotes, M. de Lapaillonne, avait déjà à plusieurs reprises, dans les journaux agricoles, affirmé que l'ensablement des vignes, même pratiqué à petites doses, avait donné chez lui d'excellents résultats. Mais il paraît que l'idée n'était pas mûre, car les observations de M. de Lapaillonne, quelque pressantes et quelque sensées qu'elles fussent, avaient eu peu de retentissement. Il a fallu les efforts persévérants de la Société d'agriculture de Vaucluse et de son éminent président, M. le marquis de Lespine, pour remettre cette question à l'étude et la soumettre à un sérieux examen. Les constatations faites en dernier lieu chez M. Espitalier, au mas de Roy, par la Commission du phylloxera de l'Hérault, sont venues établir que ce procédé est appelé à rendre de grands services partout où il sera applicable, et que les observations de M. de Lapaillonne méritaient d'être prises en grande considération. Ce sera maintenant à l'expérience à combler les lacunes qui peuvent exister encore sur le côté pratique de la question.

Submersion des vignes, ensablement : voilà donc deux moyens curatifs dont tout le monde reconnaît l'excellence et sur lesquels il n'est pas besoin d'insister. Mais il n'en est pas de même du troisième : l'empoisonnement du phylloxera, que M. Dumas préconise dans son travail, et que je repousse, quant à moi, de toutes mes forces.

C'est chose grave, assurément, d'entrer en lutte avec un homme de cette valeur et qui s'est acquis dans la science une position si élevée ; mais, dans les circonstances actuelles, chacun doit faire abnégation de son amour-propre et exprimer sa pensée tout entière. C'est à cette seule condition qu'une assemblée comme celle-ci pourra arriver à des résultats sérieux.

Or, je n'hésite pas à le déclarer, Messieurs, vous avez devant vous, à l'endroit des insecticides, ce qu'on appelle un *irréconciliable*. A mes yeux, la question de la destruction du phylloxera au moyen de substances toxiques, solides ou liquides, est une question définitivement jugée. On peut lui appliquer cette formule empruntée à la Cour de Rome : *Causa finita est* ; l'empoisonnement direct du puceron, c'est pour moi le vide, le chimérique, le néant.

L'Évangile a dit que l'arbre devait être jugé par ses fruits. Si l'on juge la théorie des insecticides par ses résultats, l'arrêt devra être sévère, car elle n'a produit jusqu'ici que des mécomptes. Tous les essais entrepris depuis six ans ont eu le même sort. Un moment, quelques esprits optimistes avaient cru à la résurrection de la vigne par le sulfure de carbone. Vaine illusion ! Le sulfure de carbone, après quelques jours de vogue bruyante, est venu grossir la liste, déjà bien longue, des remèdes impuissants.

En cet état de choses, on se demande quelle utilité il pourrait y avoir à reprendre un plan d'attaque qui n'a cessé de trahir tous les efforts, de démentir toutes les promesses, et n'a abouti qu'à une impuissance radicale. Certes, les académiciens sont des hommes de beaucoup d'esprit, mais il y a quelqu'un qui en a encore plus, c'est tout le monde. Nos cultivateurs, malgré toute leur candeur, ont des yeux pour voir et des oreilles pour entendre. Ils savent parfaitement que, si le traitement au moyen des poisons n'a jamais sauvé une vigne, en revanche il en a tué un grand nombre ; aussi leur résolution de renoncer à un tel procédé est-elle irrévocable. Il faut que tous les fabricants d'insecticides, passés, présents et futurs, en prennent leur parti.

Il me serait facile, Messieurs, si je pouvais entrer davantage dans les détails de cette question, de vous démontrer que les résultats négatifs dont je viens de parler ne tiennent pas seulement à un vice d'application, et que, si les insecticides n'ont absolument rien produit jusqu'à présent, c'est qu'ils ne pouvaient absolument rien produire. Il y a là, non pas seulement, comme on l'a prétendu, des difficultés pratiques que de nouvelles études pourraient aplanir, mais de véritables impossibilités matérielles que rien au monde ne saurait faire disparaître.

Voilà déjà bien longtemps que j'entends soutenir que toute vigne atteinte doit infailliblement périr, et que les viticulteurs ne doivent se préoccuper

que d'une chose : détruire le phylloxera, cause unique du mal. Eh bien ! je
le dis hautement, c'est là une erreur manifeste, et ceux qui la propagent se
trouvent en contradiction flagrante avec les faits. S'il existe une vérité dé-
montrée aujourd'hui, c'est que la vigne peut vivre avec le phylloxera, et que
beaucoup de vignes, plus ou moins gravement atteintes dans ces dernières
années, sont maintenant revenues à la santé, soit spontanément, soit
sous l'influence d'engrais énergiques et de cultures intelligentes. En présence de pareils faits, il n'y a pour moi qu'une solution pratique : au lieu de
courir après un résultat plus que problématique, par la destruction absolue
de l'insecte, il s'agit de trouver le moyen de vivre avec lui, et de lui faire sa
part, comme on fait la part du feu dans un incendie. Pour cela, il importe
essentiellement de donner à la vigne des aliments fortifiants, qui lui permet-
tent, non-seulement de se nourrir elle-même, mais de nourrir en même temps
son implacable rongeur. Voilà, Messieurs, la vraie solution ; il serait inutile
de la chercher ailleurs.

Je répéterai donc ici, sans aucune hésitation, ce que j'ai déjà dit plus
d'une fois. Plus d'insecticides ! assez d'insecticides ! mais des engrais !
toujours des engrais ! des engrais qui restaurent la vigne, et non des poisons
qui la tuent et ruinent le propriétaire !

Je vous dirai encore : au lieu d'arracher vos vignes, fumez-les largement,
pourvu que tout principe de vie ne soit pas éteint chez elles. Afin de réparer
leurs forces épuisées et de faciliter la reproduction rapide de nouvelles radicelles, donnez-leur, à défaut de fumier de ferme, des engrais spéciaux, énergiques, appropriés, venant de maisons honorables, et dont les éléments vous
soient au besoin garantis. Surveillez, mieux que par le passé, vos plantations
nouvelles, et tâchez surtout de prévenir le mal ; donnez à toutes vos cultures des soins plus intelligents et plus soutenus. Vous parviendrez, de cette
manière, sinon à rendre complétement la santé à vos vignes, du moins à les
soutenir et à les faire vivre, jusqu'à ce qu'une circonstance favorable vienne
vous débarrasser définitivement du fléau. Cette circonstance arrivera, Messieurs, il ne faut pas en douter ; car Dieu ne permettra pas que cette magnifique industrie, qui a fait l'honneur et la joie de nos pères, qui répand aujourd'hui l'aisance dans un si grand nombre de familles et donne du pain à
tant de malheureux ouvriers, disparaisse du sol français.

Encore un mot, et j'ai fini.

L'agriculture méridionale traverse en ce moment une des crises les plus
terribles que l'histoire ait enregistrées. Il y a quelques années, c'était
l'oïdium et la maladie des pommes de terre. Peu après est survenue la
maladie des vers à soie ; après la maladie des vers à soie, la guerre ; après
la guerre, la révolution ; après la révolution, l'indemnité des cinq milliards.
Aujourd'hui c'est la maladie de la vigne, avec toutes ses désastreuses conséquences. On se demande, le cœur serré, où s'arrêtera cette série de désastres.

Et cependant, Messieurs, gardons-nous bien de désespérer de l'avenir.
L'agriculture française a déjà passé par bien d'autres épreuves. Elle y a
beaucoup souffert, mais elle en est toujours sortie victorieuse. Quant à la
viticulture particulièrement, malgré son apparente agonie, elle peut encore

se relever par le concours de toutes les volontés et de toutes les énergies, et revoir ses anciens jours de prospérité.

Un grand écrivain a dit avec beaucoup de raison que, dans les moments de crise, le salut était dans tous et n'était plus dans personne. Quand un navire sombre, il n'y a que la manœuvre, c'est-à-dire l'effort commun de tout l'équipage, qui puisse le sauver. C'est nous tous, propriétaires, viticulteurs, simples ouvriers, qui sommes en ce moment l'équipage. La tempête devient de plus en plus menaçante, le péril grandit d'un moment à l'autre; montons tous sur le navire, et, la main à la proue, disputons-le vaillamment aux éléments conjurés.

Notre temps a été souvent l'objet de vives critiques; et il faut convenir que trop souvent ces critiques étaient fondées. Mais on doit reconnaître aussi, à l'honneur de notre race, que jamais le principe de la solidarité n'avait été mieux entendu et plus largement appliqué. Vienne une circonstance grave, un grand danger public, et on est émerveillé de voir combien vite disparaissent, sous les souffles d'en-haut, cette frivolité et ce scepticisme de parade qui sont le propre du caractère français. Pour n'en citer qu'un exemple, voyez quelle explosion de dévouements et de bonnes volontés a fait naître la maladie de la vigne; avec quel empressement on a répondu de toutes parts à l'appel de cette grande Société d'agriculture de l'Hérault, notre modèle à tous, et qui compte dans son sein tant d'hommes éminents. C'est là un grand et noble exemple, qui ne sera certainement pas perdu pour notre malheureux pays et qui doit nous consoler au milieu de tant de tristesses.

Donc, Messieurs, de l'énergie, de la foi, de la persévérance. C'est le propre des âmes viriles de lutter courageusement contre la nature. Ne nous berçons pas d'illusions et de chimères, mais ayons confiance. Continuons l'œuvre commune; soyons fidèles au devoir; comptons surtout sur la Providence, et l'heure du salut arrivera infailliblement!

La discussion sur le phylloxera est close, et, conformément à l'ordre du jour, M. le Président donne la parole à M. Saintpierre, professeur de technologie à l'École d'agriculture de Montpellier, sur la fabrication des vins imités à Cette.

M. SAINTPIERRE s'exprime en ces termes :

La question des *vins imités*, dit l'orateur, a été introduite dans le programme des séances du Congrès, et j'ai reçu l'invitation d'en présenter l'exposé devant vous. Lorsque les représentants les plus autorisés de notre commerce et de notre agriculture ont fait choix du professeur de technologie de l'École d'agriculture pour prendre la parole sur ce sujet, je ne pus trouver en moi-même de titre suffisant à un tel honneur; et ne pensez-vous pas, Messieurs, qu'on a eu la pensée d'affirmer la loyauté, la moralité de la fabrication des vins imités, en en confiant la défense à un médecin et à un professeur de chimie?

I. — La fabrication des *vins imités*, ou, plus correctement, l'*imitation des vins d'Espagne et de Portugal*, est une branche importante du commerce de Cette et de Mèze, qui s'est développée d'une façon graduelle depuis la fin des guerres maritimes du premier Empire. Ses débouchés les plus considérables sont à l'étranger ; la consommation intérieure n'en absorbe que des quantités très faibles. La Russie, le Danemarck, l'Allemagne, la Hollande, l'Angleterre, les États-Unis et l'Amérique du Sud, en reçoivent environ 300,000 hectolitres par an.

La production totale est difficile à donner avec exactitude, parce que les relevés de la douane confondent les provenances au point de vue du chiffre des exportations (1) ; mais j'ai pu obtenir communication de quelques relevés officieux faits par les soins de plusieurs commerçants, et je crois pouvoir établir ce chiffre approximatif de 300,000 hectolitres pour une exportation dans laquelle les deux Amériques figurent pour les deux tiers. Au prix moyen de 50 francs (2) l'hectolitre, c'est une production annuelle d'environ quinze millions de francs.

Ces nombres et la faveur croissante des vins d'imitation suffiraient, à eux seuls, à prouver les qualités hygiéniques de fabrication ; et il serait étrange que des produits condamnables par l'hygiène et la science aient pu arriver à de pareils débouchés. Cependant, Messieurs, les vins de Cette sont l'objet d'attaques aussi injustes que passionnées. Permettez-moi, en quelques mots, de vous retracer leur histoire : vous verrez les accusations tomber d'elles-mêmes devant le raisonnement ; et, s'il restait encore dans votre esprit la moindre prévention, elle s'évanouira, je l'espère, dans la visite que le Congrès doit faire demain aux chais les plus importants de Cette et de Mèze.

II. — On a accusé les vins d'imitation d'être fabriqués avec autre chose que du vin, et l'on a cité diverses matières colorantes, des figues, des raisins, etc...... Ces substances sont employées, en effet, dans les factoreries anglaises et à Hambourg, pour fabriquer des boissons destinées à faire concurrence aux produits de Cette ; mais il suffit de réfléchir un instant aux prix comparatifs des fruits sucrés secs et du moût de nos raisins, pour voir que, s'il y a avantage à se servir des premiers, loin des pays viticoles, ce serait folie pour nous d'aller chercher ailleurs que dans la vigne le principe sucré dont nous avons besoin pour fabriquer les vins de liqueur.

» Quant aux matières colorantes, on les emploie dans les pays d'origine, comme un élément indispensable de vinification. Dans certaines parties du midi de l'Espagne et du Portugal, il est d'usage de fouler ensemble les raisins avec une quantité notable de baies de sureau et d'autres matières colorantes.

» Dans le principe, nos fabricants avaient suivi le système portugais ; mais ils ont bien vite reconnu que l'addition des matières colorantes était inutile. Ces matières se précipitent en effet, pour la plupart, sous l'action du temps et des avinages (3). Aujourd'hui les commerçants du Midi ont renoncé à l'addition des matières colorantes, et, sous ce rapport, nos vins d'imitation de Porto sont plus naturels que les vins d'origine.

---

(1) De plus, les relevés de la douane considèrent comme exportation les marchandises à destination de l'Algérie.

(2) 50 fr. vin logé, c'est-à-dire futaille comprise.

(3) Voir une note publiée par M. Saintpierre, sur la *Coloration frauduleuse des vins* (*Messager agricole*, 1874).

» D'ailleurs, à quoi bon discuter cette question de la coloration des vins, quand il est facile d'établir par les chiffres de la douane que, dans les vins d'imitation, les vins blancs entrent pour onze douzièmes et les vins rouges pour un douzième seulement. Nous ajouterons que ces derniers vins rouges sont, en général, moins foncés en couleur que nos vins du Midi.

» III.—Je viens de démontrer l'impossibilité d'admettre les accusations dirigées contre les vins imités ; voyons maintenant quelle est la vérité sur leur fabrication. En deux mots, la voici : on n'imite point à Cette les vins de Bordeaux, de Bourgogne ou du Rhin, mais seulement les vins des pays situés sous une latitude plus chaude que la nôtre : les vins de Xérès, de Malaga, de Madère, de Porto, de Malvoisie. On imite ces vins en employant des produits et des procédés similaires à ceux usités dans les pays d'origine.

» J'ajouterai : on est forcé d'imiter ces vins avec les produits de notre agriculture viticole, car nos propres vins, tels que nous les apprécions, ne seraient point acceptés dans certains pays. Je vais développer en quelques mots ce point de vue, qui est la clef de la question qui nous occupe.

» Quand le fabricant français se présente sur un marché étranger, il ne peut s'y présenter en maître ; il lui faut nécessairement subir les exigences de la consommation. Or l'Angleterre, les Amériques surtout, n'acceptent point nos vins légers : ces contrées ont l'habitude très ancienne des vins d'Espagne et du Portugal, qui sont parvenus depuis très-longtemps à leur imposer leurs produits. Les Américains, les Anglais, demandent donc des vins très-corsés, à 20 ou 21° d'alcool ; des vins solides, voyageant bien, se conservant sans peine ; et il a fallu, sous peine de renoncer à faire concurrence aux produits espagnols ou portugais, produire sur les marchés d'outre-mer des vins similaires à ceux de la consommation habituelle.

» Mais, pour imiter les vins espagnols et portugais, que fallait-il faire ?— Il fallait évidemment partir des matières premières assez semblables et employer les mêmes procédés de vinification.

» Or à Madère, à Porto, on ne récolte, pas plus que chez nous, des moûts capables de donner 18 ou 20 % d'alcool : on y récolte, comme on peut le faire dans le midi de la France, des moûts capables de donner seulement 12 ou 14 % d'alcool. Une partie de ce moût est concentrée par la chaleur, pour donner du vin cuit ou sirop de raisin ; ensuite on ajoute des colorants, des parfums et beaucoup d'alcool. Voilà les procédés que l'on a imités à Cette, en les perfectionnant ou les modifiant, toutefois, dans la voie du progrès et en supprimant les pratiques inutiles.

» L'industrie des vins d'imitation repose aujourd'hui tout entière sur le choix intelligent des vins de notre région. On leur fait subir ensuite des coupages, des collages et des filtrations qui les améliorent. Ces produits reçoivent, dans une juste mesure, du sirop de raisin obtenu par l'évaporation des moûts et des vinages successifs qui donnent à cet ensemble de la stabilité et des qualités de conservation précieuses pour certains climats. On ajoute quelques parfums, dans le cas où on le fait dans les pays d'origine (1). Enfin

---

(1) Ces parfums sont des infusions alcooliques de coques d'amandes amères ou de substances analogues. La couleur est donnée quelquefois par un peu de caramel ainsi qu'on le fait pour les eaux-de-vie de fine-champagne.

on utilise le temps et la chaleur, qui sont des éléments utiles de réussite (1).
Dans ce but, le vin est laissé dans des fûts exposés à notre soleil du Midi
pendant une saison d'été; sous cette influence, il acquiert peu à peu des
propriétés nouvelles: les principes qui le composent se fondent avec l'alcool,
et le vin apparaît enfin semblable au vin d'Espagne avec toutes ses qualités.

» La vérité, la voilà donc. — On fait du vin avec du vin ; — et le prix auquel
le produit est livré ne peut laisser suspecter aucune addition, car, dans nos
pays, le vin est la seule matière dont le prix puisse permettre cette fabrication. Remarquez d'ailleurs, Messieurs, que ces vins d'imitation n'ont jamais
prétendu à un autre titre ; ils sont vendus comme tels, et connus aux États-
Unis sous les noms de *Porto français* ou de *Porto de Bourgogne*. L'acheteur,
en un mot, n'est jamais trompé sur leur origine, car il n'ignore pas que les
vins véritables de Madère ou de Porto sont cotés à des prix très-élevés, et ce
qu'il y a à redouter plutôt, c'est la fraude qui consiste à lui faire passer pour
des vins de Cette les produits artificiels des factoreries de Hambourg et de
Londres.

» IV. — Il me reste, Messieurs, à apprécier les conditions économiques
de cette industrie, soit vis-à-vis de la propriété, soit vis-à-vis du commerce,
et je n'hésite pas à l'affirmer, cette industrie a rendu des services considérables à l'un et à l'autre.

» Au point de vue agricole, ce n'est pas un débouché sans importance.
Cette fabrication utilise en effet des vins blancs qui, sous le nom de *picardans*,
sont le produit de certains sols ingrats, secs, incapables de donner la quantité,
mais produisant des moûts très-sucrés. Le commerce intérieur dédaignerait
ces picardans, et sans la fabrication de Cette, ces terrains maigres resteraient
en friche. D'ailleurs, une fabrication qui réclame 300,000 hectolitres n'est
pas à dédaigner par les agriculteurs, surtout quand, en comptant de plus
près, on peut établir que la demande s'élève au-dessus de ce chiffre. En effet,
les vins achetés dans nos pays ne contiennent guère plus de 11 à 12° d'alcool ;
on les porte à 21 ou 22° en y ajoutant de l'alcool, et on les adoucit avec du sirop
de raisin. Un hectolitre de vin d'imitation représente donc bien réellement sous
forme de vin, d'alcool et de sucre, près de 2 hectolitres de vin récolté, et nous
pouvons estimer que l'agriculture méridionale livre réellement, pour cette
industrie, près de 600,000 hectolitres de vin.

» Sous le rapport commercial, la situation n'est pas moins intéressante.
Cette exportation nous maintient en relations avec des pays éloignés, pays qui,
quoi qu'on en dise, ne consommeraient pas nos vins ordinaires ; elle permet
donc de paraître dans des contrées avec lesquelles elle facilite, en retour, notre
commerce d'importation. Nos vins d'imitation deviennent donc un instrument d'échange dont nous ne pouvons méconnaître la réelle importance.

» En résumé, cette industrie crée une valeur avec des matières premières
qui n'en auraient aucune au point de vue de l'exportation.

» V. — Quant à la qualité de ces vins, il est incontestable que la santé
publique n'a rien à en redouter. Certes, il vaudrait mieux à plusieurs points
de vue, pour les Américains, consommer nos vins légers que des vins à 21°

______

(1) Pour certains cas particuliers, on se sert aussi du chauffage pratiqué par les
procédés les plus perfectionnés pour *mûrir* le vin.

d'alcool; mais, le goût de ces boissons fortes étant établi, l'hygiène n'a rien à reprendre dans la pureté et la loyauté des produits de Cette et de Mèze.

» Les procédés de fabrication étant les mêmes chez nous et dans les pays d'origine, les produits se ressemblent beaucoup, et l'imitation serait parfaite si la comparaison se faisait dans des conditions identiques. Quand on achète du Xérès d'origine, on l'achète déjà vieux, parce que l'on consent à y mettre le prix, et on le juge comparativement avec des Xérès de Cette qui sortent de chez le producteur. Mais laissez vieillir celui-ci, et dans dix ans peut-être il se présentera avec des qualités complètes.

» Telle est, Messieurs, l'histoire des fabrications de Cette et de Mèze. Si quelques préventions restent dans votre esprit, nous vous convions à venir demain visiter ces beaux établissements, que l'on ouvre bien volontiers aux visiteurs, parce que, vous le verrez vous-mêmes, on n'a rien à y cacher. »

M. MOLINIER, maire de Mèze, a la parole sur le commerce des vins. Il constate l'accroissement considérable de la concurrence que fait au nôtre le commerce espagnol, jusque dans nos colonies elles-mêmes. Les vins d'Espagne de cette année, pesant 12° en nature, ne coûtent pas plus de 7 à 8 francs chez les propriétaires; rendus à Cette, ils ne reviennent qu'à 19 francs l'hectolitre (droits non compris); tandis que les Narbonne reviennent à 23 francs. Pour chercher à profiter du bon marché de ces vins et éviter de payer le droit d'entrée de 5 francs par hectolitre, dont ils sont grévés, on les met à l'entrepôt fictif qui est à Cette, où ils ont à payer un droit de 0 fr. 50 par hectolitre pour location d'entrepôt.

L'entrepôt offre, en outre, des difficultés sérieuses pour les manipulations nécessaires au coupage et à la fabrication. Dans les magasins, on pourrait manipuler, coller et préparer 300 pipes de vin dans un jour et les expédier dans deux jours : cette opération ne coûte, dans ces conditions, que 30 ou 40 francs. Dans l'entrepôt, il faudrait au moins quinze jours pour faire ce travail, qui coûterait 200 francs, plus 0 fr. 50 par hectolitre de location d'entrepôt.

Les vins d'Espagne arrivent avec des qualités très-irrégulières; il est fort difficile de les égaliser à l'entrepôt : d'où il suit que leur emploi est à peu près impossible dans ces conditions. Ces vins, enfin, ne payent pas plus de droits dans nos colonies que les nôtres eux-mêmes.

Il en est quelquefois de même pour les 3/6 étrangers : les maisons de Hambourg achètent dans nos îles de l'Ouest les vins blancs les plus inférieurs, et, par une addition de leur 3/6, qui est bien meilleur marché que le nôtre, elles trouvent le moyen de nous faire concurrence sur les marchés de New-York, la Nouvelle-Orléans, Boston, etc., etc.

M. TERREL DES CHÈNES fait remarquer qu'il ne suffit pas de connaître les obstacles apportés par l'Administration au commerce des vins, qu'il serait bon que le Congrès émît un vœu à ce sujet.

M. LE PRÉSIDENT invite les négociants et les propriétaires présents à s'entendre pour formuler ce vœu.

MM. Garonne et James présentent diverses observations sur cette même question.

M. Saintpierre rapporte que M. Paul-Emile Thomas, de Mèze, ayant essayé d'effectuer les manipulations nécessaires à son industrie dans l'entrepôt de Cette, n'a pu y obtenir que des produits défectueux. Il pense, en outre, que l'entrepôt fictif devrait exister dans tous les centres de l'industrie des vins, sous peine de constituer un privilége au profit des villes qui en sont pourvues.

M. le Président soumet à l'Assemblée le vœu suivant, présenté par quelques membres :

« Considérant qu'il est de tout point désirable que le commerce français soit placé dans une position d'égalité complète avec ses concurrents étrangers ;

» Considérant que l'intérêt agricole, dans cette question, ne se sépare pas de l'intérêt commercial ;

» Emet le vœu :

» Que l'entrepôt fictif soit accordé, dans tous les centres commerciaux, aux négociants qui en feront la demande ; ou tout au moins qu'à défaut d'entrepôt fictif, l'entrepôt réel à domicile soit toujours concédé aux demandeurs. »

Cette rédaction est mise aux voix et adoptée.

M. le Dr Louis de Martin propose d'employer l'acide sulfurique pour l'acétification des moûts. Il fait remarquer que l'emploi de cette substance amène : 1° une fermentation plus rapide et une transformation plus prompte en alcool des moûts normaux ; 2° qu'elle donne aux vins qui en résultent une couleur plus vive ; enfin que cet acide ajouté disparaît pour faire place à l'acide tartrique (1).

L'acide sulfurique neutralise, en outre, dans les moûts terreux, la terre apportée à la cuve avec les raisins, de manière à constituer un milieu normal acide nécessaire pour la transformation du sucre en alcool. Dans un milieu non acide, le sucre se transformerait en acide lactique ; enfin, la matière colorante serait entraînée et détruite par la terre, ce qui amènerait une perte de valeur pour le produit.

M. F. Boyer, professeur de chimie et de physique, à Nîmes, appuie énergiquement le procédé indiqué par M. de Martin ; il assure que ce procédé, expérimenté en grand et par plusieurs propriétaires, dans des localités différentes, a toujours donné des résultats on ne peut plus satisfaisants. Quand on plâtre la vendange, il faut, dit-il, attendre un certain temps pour voir les vins s'éclaircir, se dépouiller ; tandis qu'en employant l'acide sulfurique, c'est presque immédiatement que s'obtient ce résultat.

(1) Voir l'article de M. de Martin : *Sur l'action de l'acide sulfurique sur le vin*, dans le *Messager agricole*, tome XIII, p. 126.

En effet, au bout de huit jours on a un vin marchand, prêt à la vente, et le produit ne le cède en rien aux vins plâtrés; il les surpasse même en qualité. Quand on soumet à l'analyse comparative un vin plâtré et un vin acidulé et ce, ajoute, M. Boyer, huit jours après la vendange, les éléments du vin fait à l'acide sulfurique sont dans un rapport constant, dans une proportionnalité rationnelle qui peut les faire classer parmi les vins naturels, tandis qu'il est bien loin d'en être ainsi pour les vins plâtrés.

De plus, ces derniers renferment une quantité dix fois plus considérable d'acide sulfurique que celle contenue dans les vins fabriqués en suivant le procédé de M. de Martin.

M. Boyer insiste ensuite sur la composition du moût provenant des raisins des vignes phylloxérées, dans lequel la proportion de sucre est bien moindre que dans le moût provenant des vignes saines ; ce qui retarde la fermentation et la rend incomplète, si l'on n'a pas recours à l'addition d'acide.

Après avoir déclaré que les avantages de l'acide sulfurique sont surtout incomparables quand on veut opérer la vinification des raisins provenant de vignes grêlées, M. Boyer termine son intéressante communication en disant qu'il a recommandé l'emploi de l'acide sulfurique dans la vinification, parce qu'il lui a reconnu les avantages suivants :

1° Il assure une régulière fermentation, en lui permettant de s'établir dans des conditions normales.

2° Les éléments du vin obtenu sont dans un rapport naturel, puisqu'ils n'ont pas subi la double transformation qui caractérise le plâtrage.

3° Il permet d'obtenir en huit jours un vin naturel, marchand, et d'une conservation assurée.

M. Michel PERRET, président du Comice agricole de Saint-Marcelin (Isère), croit utile, au moment où les vases vinaires en maçonnerie paraissent tomber en défaveur dans le midi de la France, tandis qu'ils tendent à se propager dans d'autres régions, de rechercher les causes de cette divergence, en même temps que les moyens de la faire disparaître.

Dans les vases de bois, le vin est en communication avec l'air extérieur, en raison de la porosité des parois de ces récipients ; il respire, suivant l'expression consacrée, il mûrit et arrive au plus complet développement de ses qualités ; mais, d'un autre côté, il peut absorber des éléments fermentescibles et nuisibles à sa conservation.

Ce danger n'existe pas avec les vases en maçonnerie, quand ils sont complétement clos et imperméables. Le vin se trouve à l'abri de toute influence du dehors; à la vérité, il reste jeune et ne se modifie pas dans ces conditions, ce qui n'est qu'un avantage pour des vins ordinaires, auxquels on demande avant tout la solidité. Mais un inconvénient sérieux se présente d'autre part ; lorsque l'on fait cuver la vendange dans ces sortes de vases plus conducteurs de la chaleur que ceux de bois, il y a une plus grande déperdition de calorique, et, par suite, la fermentation est moins active et n'atteint jamais la même température que dans les cuves de bois.

L'orateur croit possible de remédier à cet inconvénient au moyen de la division du marc par le procédé de la cuve à étages, qu'il applique avec succès depuis 1863 et qui commence à se répandre dans diverses régions et notamment en Bourgogne.

Le procédé repose sur un principe fondamental : obtenir une fermentation rapide et complète du vin avec une bonne macération. Ce résultat est obtenu en quatre jours, grâce à la division bien ordonnée du marc, tandis que le procédé ordinaire en exige huit. La somme de calorique produite, qui dans les deux cas est la même, se trouve dégagée dans un temps moitié moindre ; la température s'élève en conséquence, et c'est précisément cette surélévation qui devra compenser la déperdition due à la conductibilité des parois.

Sans insister ici sur les avantages de la cuve à étages, M. Perret ajoute qu'il est facile de se convaincre de l'importance de la division du marc dans le vase vinaire : il suffit pour cela de constater ce qui se passe dans les cuves ordinaires, où le marc n'est pas divisé. A cet effet, on n'a qu'à vérifier journellement la température du vin à diverses hauteurs dans la cuve, en pratiquant dans la paroi de ce vase, à l'aide d'une vrille, de petits trous par lesquels on fera écouler le vin sur la boule d'un thermomètre sensible. Les écarts notables de température dénotent des fermentations relativement chaudes et froides, donnant évidemment lieu à des produits différents.

On conçoit dès lors l'importance d'uniformiser la température dans toute la masse fermentante, afin d'obtenir des produits réellement homogènes.

M. le docteur MENUDIER accepte le procédé de traitement des moûts par l'acide sulfurique, proposé par M. de Martin, pour la région méditerranéenne ; mais il le considère comme inutile dans celle du Centre, dont les moûts sont déjà suffisamment acides.

Il juge les cuves en maçonnerie mauvaises pour la région du Centre, à cause du ralentissement de la fermentation que détermine le refroidissement des moûts.

M. Henri MARÈS, répondant aux observations de MM. de Martin, Félix Boyer et Michel Perret, dit que, pour aciduler la vendange, l'emploi du plâtre est préférable à celui de l'acide sulfurique.

Le plâtre tire du marc, par double décomposition, une certaine quantité d'acide tartrique qu'il fait passer dans le vin, et il en augmente ainsi l'acidité par un acide organique qu'on trouve déjà dans le vin en grande quantité et qui ne nuit en rien aux propriétés alimentaires de ce liquide.

On peut, sans grand inconvénient, dépasser les proportions de plâtre ordinairement employées; tandis qu'il n'en serait pas de même avec l'acide sulfurique, agent très-énergique, dont les propriétés sont ignorées de la plûpart des cultivateurs vignerons;

Entre leurs mains il pourrait devenir très-dangereux et faire le plus grand tort aux vins dans lesquels il serait introduit.

C'est pour cette raison qu'il faut rejeter l'emploi de l'acide sulfurique dans la fabrication du vin.

L'usage du plâtre à la cuve, qui est séculaire et dont l'action est aujourd'hui parfaitement connue, grâce aux travaux de M. Chancel, est à l'abri de ce reproche. Il ne faut employer que des plâtres blancs et purs de tout mélange de carbonate de chaux.

En ce qui concerne l'emploi des cuves en maçonnerie, M. H. Marès dit qu'il donne de bons résultats lorsqu'il s'agit de faire fermenter la vendange, c'est-à dire de la préparation du vin ; mais il n'en est plus de même lorsqu'on veut conserver le *vin fait* dans des cuves de pierre.

Celles qui sont voûtées pourraient seules servir à cet usage, le vin s'altérant très-vite dans les cuves découvertes, soit de bois, soit de pierre; mais l'expérience apprend que, même dans les cuves voûtées, le vin se développe mal, et qu'il se comporte beaucoup mieux dans le bois des futailles ordinaires ou dés foudres. Il ne faut donc se servir des cuves de pierre que pour la fabrication du vin.

M. J.-A. Barral est opposé à l'emploi de l'acide sulfurique pour les vins, parce que cet acide renferme souvent des produits arsenicaux dangereux, et qu'il ne peut être manié que par des gens experts.

M. Lassalvy, de Montpellier, présente au Congrès, au nom de M. Jean Tourenc, de Graissessac, un appareil dit *Fermentomètre*, en verre blanc épais, destiné à mettre les vins contenus dans les foudres ou cuves de grandes dimensions, ainsi que dans les plus petites futailles, à l'abri du contact de l'air.

M. Nevrac expose le résumé d'un mémoire appuyé par un certain nombre de signatures qu'il dépose sur le bureau. Il s'élève contre l'exagération des droits sur les 3|6 employés au vinage; il y voit un encouragement à la fraude, un empêchement à la transformation en un produit commercial de certains vins dont les éléments sont mal équilibrés, enfin un préjudice des plus graves porté à l'importante industrie de la fabrication du vermouth. Il présente, en outre, quelques observations sur la manière dont les employés de la régie appliquent les règlements de cette administration. Il propose donc que le Congrès émette le vœu suivant :

« 1° Qu'un droit de vingt francs par hectolitre d'alcool pur soit perçu au profit de l'État sur toute quantité d'esprit passé en vinage pour l'intérieur, et que toute contravention soit punie de la vente au profit de la commune et de l'État des marchandises saisies, sans préjudice des peines correctionnelles édictées par les lois contre les auteurs de la contravention.

» 2° Qu'à Mèze on revienne à une comptabilité plus en harmonie avec les principes d'égalité, en ce qui touche les vins au-dessus de 15°. »

M. Menudier s'oppose à l'adoption de ce vœu : l'État ne peut, d'après lui, dégrever les alcools, dans la situation actuelle de nos finances ; ce dégrèvement constituerait, en outre, un privilége pour le Midi, le vinage ne pouvant être utilement appliqué aux vins des autres régions.

M. Henri Marès croit à l'utilité du vinage, qui permet de conserver des vins autrement sans valeur, et qui est un incomparable moyen de préparation pour certains vins colorés et corsés des contrées chaudes, destinés à soutenir de petits vins. C'est encore au vinage qu'il faut recourir pour la préparation des vins secs et des vins doux, dont on trouve les types en Sicile et en Espagne.

Il a défendu le vinage; mais il ne pense pas, toutefois, que l'on doive actuellement émettre un vœu à ce sujet, à cause des exigences budgétaires.

Il voudrait seulement que l'on facilitât aux bouilleurs de crû la distillation des vins gâtés.

La loi sur les bouilleurs de crû n'a donné aucun résultat financier, et pourrait être supprimée, au grand avantage des contrées viticoles et du commerce des vins, sans que le Trésor y perdît rien.

M. Terrel des Chènes prend la parole pour appuyer un vœu dans ce sens : il voudrait que l'on revînt sur la déplorable loi sur les bouilleurs de crû.

M. Menudier appuie également le vœu proposé : il voudrait que l'on réduisît les droits à 100 fr. par hectolitre.

M. le Président invite les orateurs qui ont parlé sur cette question à s'entendre pour la rédaction du vœu à émettre. Il met successivement aux voix le vœu présenté par M. Neyrac, qui est rejeté ; puis les deux suivants, présentés par MM. Henri Marès, Ch. Léenhardt et Menudier :

1er Vœu. — « Le Congrès, considérant

» Que la loi actuelle sur les bouilleurs de crû est contraire à la liberté, aux intérêts de l'agriculture, du commerce et de l'industrie ;

» Qu'elle n'a pas apporté de ressources au Trésor,

» Émet le vœu que cette loi soit abrogée. »

2° Vœu. — « Le Congrès, considérant

» Que l'excès des droits ne profite pas au Trésor,

» Émet le vœu que les droits sur les alcools soient abaissés.»

Ces vœux sont adoptés.

M. Destremx, député de l'Ardèche, présente le vœu suivant:

« Le Congrès émet le vœu que le tarif pour le transport des engrais et agents propres à combattre le phylloxera soit abaissé, et prie MM. les Députés des régions viticoles de vouloir bien appuyer ce vœu auprès de M. le ministre des travaux publics et des Compagnies de chemins de fer. »

Cette proposition est mise aux voix et adoptée.

M. Millet, inspecteur des forêts, propose au Congrès d'émettre un vœu sur la conservation des oiseaux insectivores. Ce vœu est ainsi conçu:

« Le Congrès, considérant que les oiseaux destructeurs d'insectes et autres petits animaux nuisibles sont les alliés naturels de l'homme et ses plus puissants auxiliaires pour la destruction des animaux nuisibles à l'agriculture en général et à la viticulture en particulier ; que ces oiseaux sont, pour la plupart, migrateurs ou voyageurs,

» Émet le vœu que les oiseaux utiles à l'agriculture soient, en France, l'objet d'une protection spéciale ; que la capture et la destruction de ces oiseaux soient interdites d'une manière absolue, et que le Gouvernement français fasse les diligences nécessaires pour que la protection des migrateurs soit consacrée par des conventions internationales. »

Cette formule, mise aux voix, est adoptée.

M. de Saint-Trivier prie M. le Président d'appuyer ces divers vœux auprès de ses collègues de la Société des agriculteurs de France.

M. Adolphe Ricard, de Montpellier, annonce, au nom des secrétaires généraux du Congrès scientifique qui s'est réuni à Montpellier en 1868, qu'il tient gratuitement à la disposition des membres étrangers du Congrès viticole les deux volumes de *Comptes rendus du Congrès scientifique*, dans lesquels se trouve une des plus importantes publications de M. Planchon sur le phylloxera.

La séance est levée.

ANNEXES AUX PROCÈS-VERBAUX

des séances du Congrès viticole

RAPPORT

SUR LES PROCÉDÉS DE GUÉRISON APPLIQUÉS AU MAS DE LAS SORRES, PRÈS MONTPELLIER, PAR LA COMMISSION DÉPARTEMENTALE DE L'HÉRAULT, INSTITUÉE POUR L'ÉTUDE DE LA MALADIE DE LA VIGNE, CARACTÉRISÉE PAR LE PHYLLOXERA (1).

Un prix de 20,000 fr. fut institué, en 1870, par l'Administration de l'Agriculture, en faveur de celui qui trouverait un procédé efficace et pratique susceptible de combattre la nouvelle maladie de la vigne caractérisée par le phylloxera.

La Commission départementale de l'Hérault, instituée pour l'étude de la maladie de la vigne, consultée par S. E, M. le Ministre de l'Agriculture et du Commerce pour donner son opinion sur les procédés présentés au concours à ce prix, ne crut pas possible de remplir cette mission sans avoir soumis ces procédés à l'expérience. C'est alors qu'elle fut chargée d'en faire l'épreuve sur le terrain.

Avant d'exposer les expériences de la Commission en 1874, troisième année de ses travaux, nous croyons nécessaire de revenir sur les résultats constatés en 1872 et 1873, afin de mettre en évidence les relations qu'ils présentent avec ceux de l'année courante.

En 1872, les premiers essais furent commencés à Villeneuve-lez-Maguelone, sur une vigne appartenant à M. de Paul, phylloxérée depuis l'année précédente.

Du 8 mai au 2 juillet, 55 procédés y furent appliqués.

Mais, la vigne soumise aux expériences ayant été attaquée par la pyrale, et la maladie caractérisée par le phylloxera y sévissant d'ailleurs très-inégalement, il fut décidé que « les expériences ne seraient plus continuées à Villeneuve-lez-Maguelone, et que, pour apprécier dans la suite, » d'une manière plus exacte et plus comparative, les procédés de guérison, quelques-uns des premiers remèdes seraient de nouveau appliqués » dans une autre vigne, concurremment avec ceux qui restaient à essayer. »

Le nouveau champ d'expériences fut choisi au domaine de *las Sorres*,

---

(1) Nous publions en entier cet intéressant rapport, dont M. Henri Maïès fit connaître les principaux résultats dans la séance du Congrès du 28 octobre (F. C.)

près de Montpellier, appartenant à M. Michel Fermaud, qui consentit à confier à la Commission une de ses vignes phylloxérées, moins malade que celle de Villeneuve, et dans laquelle on ne trouvait pas de pyrales.

Le 6 juillet 1872, les essais furent commencés sur cette nouvelle vigne, désignée sous le nom de *Vigne Sud*, et 51 procédés y furent appliqués sur des carrés comprenant chacun 25 ceps, séparés de tous côtés les uns des autres par une double rangée de ceps. Ceux-ci ne reçurent aucun remède, dans le double but d'empêcher que les substances employées sur les divers carrés ne pussent avoir d'influence les unes sur les autres, et de servir, plus tard, de témoins pour les comparer avec les parties traitées.

A la fin de 1872, la Commission rendit compte de ses expériences dans un rapport par lequel elle constatait que, dès le mois de septembre, au mas de las Sorres, certains carrés se distinguaient des autres par la couleur plus verte des feuilles et une vigueur plus grande des sarments.

C'étaient les portions de vigne sur lesquelles on avait appliqué les procédés de guérison suivants :

Sulfure de potassium dissous dans l'urine ;

Sulfure de potassium dissous dans l'eau ;

Savon noir dissous dans l'eau ;

Fumier de ferme, cendres de bois et solution dans l'eau de chlorhydrate d'ammoniaque.

De plus, 400 ceps environ, non soumis aux expériences et fumés par le propriétaire avec du fumier de ferme, se trouvaient également en assez bon état et plus verts que leurs voisins.

« En résumé, disait la Commission, à Villeneuve-lez-Maguelone, comme à las Sorres, les procédés de guérison expérimentés jusqu'à ce jour n'ont » produit aucun effet bien appréciable sur la nouvelle maladie de la vigne ; » cependant, d'après les résultats constatés à las Sorres, il semblerait que, » sous l'influence des sels à base de potasse, combinés avec le soufre, ainsi » que sous celle de fortes fumures, la vigne malade reprend de la vigueur, » mais sans que pour cela le phylloxera soit détruit. »

En 1873, les expériences continuèrent, tant sur la vigne Sud que sur deux autres vignes, faisant aussi partie du domaine de las Sorres, qui furent désignées, l'une, sous le nom de *Vigne Nord*, et l'autre, sous celui de *Vigne du Pin*.

Les mêmes procédés et d'autres encore furent appliqués : les premiers, pour la seconde fois en hiver, c'est-à-dire pendant la saison pluvieuse et à l'époque du repos de la végétation, et les seconds, pour la première fois, la plupart pendant l'hiver ou au commencement du printemps.

Aucun d'eux ne fit disparaître le phylloxera, qui persiste partout, mais inégalement.

140 procédés furent ainsi essayés dans la vigne Sud, dans la vigne Nord et dans la vigne du Pin.

Parmi les moyens employés, 33 produisirent une amélioration sur la vigne et 9 un effet nuisible ; les autres ne parurent pas avoir eu d'influence utile ou nuisible.

Ceux des premiers dont l'action fut le plus énergique étaient :

De sulfure de potassium dissous dans l'urine ;

Le mélange d'engrais sulfatisé de Berre, de tourteau, de colza et de sulfate de fer ;

Le sulfure de potassium dissous dans l'eau ;

Le savon de potasse dissous dans l'eau ;

La suie ;

Le mélange de fumier de ferme, de cendres de bois et de chlorhydrate d'ammoniaque ;

L'urine de vache seule, ou additionnée d'huile de cade ou de goudron de gaz.

On trouvait des engrais dans tous les procédés dont l'action avait été favorable, et principalement des sels de potasse et d'ammoniaque.

Dans les procédés nuisibles étaient des insecticides sans aucun caractère d'engrais, tels que le sulfure de carbone, l'essence de térébenthine, le pétrole, les huiles lourdes de gaz et l'acide phénique non étendu d'eau.

Les conclusions de la Commission furent que, « sans faire disparaître » le phylloxera, les fumiers et les engrais, surtout ceux qui sont riches en » potasse et en matières azotées, ont produit quelques bons effets sur les » vignes malades, en activant leur végétation et permettant à leur fructifi-» cation, encore peu abondante, de s'accomplir. »

En 1873, la Commission ne s'est pas bornée à l'application des procédés dont l'examen lui était prescrit par le Ministère. Dès 1872, elle avait étendu ses expériences à la recherche des effets des insecticides les plus recommandables, tels que l'acide phénique étendu d'eau, les mélanges d'huile de cade ou de goudron de gaz avec l'urine de vache.

Ces mêmes expériences, continuées en 1873, donnèrent des résultats nuls pour l'*acide phénique*, et firent voir que l'huile de cade et le goudron de gaz n'augmentaient pas l'efficacité des urines.

Dans une autre direction, la Commission tentait, en 1873, de nouveaux essais pour constater l'action des tourteaux des graines oléagineuses, du salpêtre, de l'eau de mer et du sable de mer, employés à la dose de quelques litres.

Ces divers agents ne donnèrent pas de résultats à la fin de l'année 1873.

En 1874, les épreuves faites sur la première vigne, désignée sous le nom de vigne *Sud*, ont été continuées, mais avec cette particularité que les procédés n'ont été renouvelés que sur les 33 carrés, où une amélioration s'était déjà produite.

Sur ces carrés, les traitements, qui étaient répétés pour la troisième fois, ne furent même que partiels et ne comprirent que les trois cinquièmes des ceps dont se compose chaque carré soumis aux expériences, dans le but de s'assurer de la durée de l'effet des substances employées sur les vignes malades.

De ces dispositions il résulte que la vigne *Sud* n'a reçu, en 1874, d'applications que sur 33 carrés, et que celles-ci ne se sont étendues qu'à 15 ceps par carré de 25.

La vigne *Nord* a été traitée de nouveau la même année presque complétement : 28 carrés, sur les 38 carrés d'expérience que comprend cette vigne, ont reçu une nouvelle application des remèdes essayés l'année précédente.

Rien de saillant n'est sorti de ces essais, sinon que l'on observe sur les points d'attaque précédemment déclarés un affaiblissement graduel de la vigne.

Les procédés essayés dans cette vigne diffèrent, d'ailleurs, de ceux qui ont été expérimentés dans la vigne Sud: les tourteaux de toute espèce, les sels de potasse employés seuls, le guano, l'engrais Ville, l'eau de mer, le sel marin, le sable de mer, le soufre, n'ont pas produit d'effets appréciables sur l'état de cette vigne.

Une quatrième vigne d'expérience, dite *Vigne de la Chapelle*, a reçu concurremment 112 applications de procédés nouveaux et d'essais faits par la Commission, pour s'assurer de l'efficacité des mélanges de sulfure de potasse et de sulfure de chaux avec le fumier de ferme, le guano, le sulfate d'ammoniaque, etc.

Cette vigne formera ultérieurement une partie intéressante des expériences de la Commission ; elle permettra de suivre l'influence des mélanges d'engrais divers avec les sulfures alcalins et terreux sur la maladie de la vigne, de même que, dans la vigne *Sud,* on n'a pu observer les effets des urines pures ou mélangées au goudron et à l'huile de cade, et ceux de l'acide phénique de diverses origines dilué en plusieurs proportions.

Le sulfure de carbone a été, de son côté, l'objet d'applications diverses faites dans la vigne *du Pin,* qui, jusqu'à présent, n'ont donné que des résultats nuisibles.

La vigne de la *Chapelle* avait été fumée abondamment par son propriétaire en 1873, avec du fumier de ferme.

Quoiqu'elle soit envahie par le phylloxera sur la presque totalité de sa surface, elle a encore produit une très-belle végétation et une forte récolte.

L'effet des procédés qui lui ont été appliqués n'est encore apparent que pour un petit nombre de carrés.

En résumé, les expériences faites jusqu'à présent par la Commission, sur les vignes du mas de las Sorres, sont au nombre de 259, et s'étendent sur une surface de 2 hectares et demi.

L'intérêt de ces expériences se concentre sur la vigne *Sud,* dans laquelle les essais sont en observation depuis trois années, et qui est notoirement atteinte par le phylloxera depuis quatre ans.

Or, dans cette vigne, ce sont encore les procédés signalés en première ligne, en 1872 et 1873, qui se font remarquer en 1874 ; mais, tandis qu'en 1873 aucun des carrés n'était revenu à l'état normal, nous trouvons que, pour la force de la végétation et l'abondance de la fructification, trois carrés au moins sont revenus à un état très-florissant, et que plusieurs autres s'en rapprochent assez pour qu'il soit permis de croire qu'ils reprendront ultérieurement leur vigueur primitive.

Cependant le phylloxera n'a disparu nulle part, et partout on le rencontre encore, en quantité variable il est vrai.

La vigne peut donc vivre et reprendre sa vigueur, malgré les attaques du phylloxera, quand elle est sous l'influence d'un traitement approprié.

Nous devons faire observer, à cette occasion, que le système de témoins de comparaison suivi par la Commission laissant sans défense des portions notables de la vigne entre les carrés traités, les ceps dont ils sont complantés deviennent peu à peu le siége d'invasions phylloxériques, dont l'intensité est souvent assez grande pour en amener facilement la perte. Le voisinage des ceps constitue, dès lors, un danger permanent pour les carrés traités, en les laissant constamment en contact avec les lignes de ceps envahis par l'insecte. Il est donc à présumer que les résultats obtenus sur de petits carrés, par le système suivi par la Commission, seraient plus accentués si la vigne était traitée en plein par les mêmes procédés.

Les traitements qui ont donné les plus beaux résultats, au point de vue de la fructification, sont ceux où ont été employés :

1º Le mélange de fumier de ferme, de cendres de bois et de sel ammoniac :

	1873	1874
Poids des raisins par cep........	0 k. 400	5 k. 900
Longueur des sarments...........	1ᵐ 00	1ᵐ 50

Le rendement obtenu en 1874 serait de 200 hectolitres à l'hectare. Il est à noter que ce carré se trouve situé dans la partie de la vigne qui a le moins souffert jusqu'à présent.

2º Le mélange de fumier de ferme, de cendres de bois et de chaux grasse :

	1873	1874
Poids des raisins par cep........	0 k. 200	3 k. 500
Longueur des sarments...........	0ᵐ 80	1ᵐ 15

3º Le mélange d'urine de vache et d'huile de cade :

	1873	1874
Poids des raisins par cep........	non pesé	3 k. 450
Longueur des sarments...........	0ᵐ 80	1ᵐ 25

4º L'urine de vache employée seule :

	1873	1874
Poids des raisins par cep........	1 k. 560	2 k. 600
Longueur des sarments...........	0ᵐ 80	1ᵐ 15

5º Les tourteaux de ricin :

	1873	1874
Poids des raisins par cep........	non pesé	2 k. 600
Longueur des sarments...........	0ᵐ 70	1ᵐ 05

Le mélange de sulfure de potassium et d'urine :

	1873	1874
Poids des raisins par cep........	0 k. 800	2 k. 540
Longueur des sarments...........	1ᵐ 00	1ᵐ 00

Ce carré a été particulièrement atteint par la grêle du 20 juin 1874. Les raisins frappés et détachés des sarments étaient nombreux, et il fut estimé que leurs poids aurait été, au moment de la vendange, d'environ 12 kil.

Les autres carrés n'ont pas été sensiblement maltraités (1).

7º Le mélange d'urine de vache et de goudron de gaz :

---

(1) Cette différence tient à ce que la sortie des raisins a été, sur ce carré, d'une abondance qui se faisait particulièrement remarquer, et que, par suite, les raisins, plus en dehors des feuilles, ont été moins préservés.

	1873	1874
Poids des raisins par cep......	non pesé	2 k. 500
Longueur des sarments........	0 m 60	1 m 15

8° La suie :

	1873	1874
Poids des raisins par cep.......	0 k. 240	2 k. 100
Longueur des sarments........	0 m 60	1 m 30

9° Le mélange de sel sulfatisé de Berre, de sulfate de fer et de tourteau de colza :

	1873	1874
Poids des raisins par cep........	0 k. 480	1 k. 500
Longueur des sarments..........	0 m 90	1 m 40

Ainsi que le prouvent ces résultats, la vigne a non-seulement poussé, mais encore elle a abondamment fructifié.

Il est à remarquer que généralement, sur les carrés d'essais, les ceps qui n'ont été traités que deux fois, en 1872 et en 1873, se sont montrés moins beaux que ceux qui ont reçu une troisième application en 1874.

Il faut ajouter aussi que, autour de la plupart des carrés sur lesquels les procédés essayés ont réussi, les témoins ont été visiblement influencés par le voisinage des ceps traités.

Il en résulte que les coefficients ne représentent pas toujours exactement l'amélioration obtenue, et que cette dernière est réellement plus grande que le résultat indiqué par les coefficients déduits.

La végétation de la vigne Sud, au début des expériences, en juillet 1872, était peu vigoureuse ; les sarments avaient environ 0m,40 de longueur, et, dans la partie où la maladie s'était d'abord manifestée, quelques souches étaient mortes.

En 1874, les neuf carrés que nous signalons comme ayant donné plus de raisins ont des sarments dont la longueur varie de 1 mètre à 1m,50, après avoir été de 0m,60 à 1 mètre en 1873.

L'amélioration progressive de la végétation et de la production est donc évidente.

Les expériences de 1874 confirment celles de 1872 et de 1873 et les complètent d'une manière remarquable, en montrant qu'on peut, dans certains cas, rétablir la vigne malade, au moins temporairement, par des moyens énergiques, qui comprennent à la fois les mélanges d'engrais que nous avons indiqués précédemment et les travaux de culture.

Les cultures ont été faites en nettoyant le sol du chiendent dont il était couvert en 1872, dans la vigne Sud surtout, et en donnant, dans cette vigne et dans les trois autres, quatre labours à la main, de février au commencement d'août.

Trois soufrages ont été appliqués dans les mois de mai, juin et juillet.

Le progrès a été très-considérable, si l'on considère la fructification. Sur les carrés signalés plus haut elle est, en 1874, de 2 à 17 fois plus forte qu'en 1873.

Dans le reste de la vigne, c'est-à-dire dans les carrés où les résultats ont été nuls en 1872 et 1873, et sur lesquels les traitements n'ont pas été renouvelés en 1874, la vigne subit généralement un affaiblissement marqué.

Cet état de choses fait encore mieux ressortir l'efficacité des traitements dont nous constatons les succès, et indique clairement la voie qu'il faut suivre pour conserver les vignes malgré le phylloxera, puisqu'on n'a pu, jusqu'à présent, le détruire complétement.

Mais, si nous constatons la vigueur nouvelle et le retour de la fécondité d'un certain nombre des carrés traités, nous appuyons aussi sur ce point, que le phylloxera s'y trouve toujours et qu'ils restent ainsi exposés à ses attaques.

Le danger est donc encore imminent, à cause de la présence de cet insecte.

Il semblerait, en conséquence, nécessaire de traiter la vigne, sinon tous les ans, au moins tous les deux ans, en s'efforçant à faire revenir les ceps des points d'attaque par l'emploi des moyens les plus énergiques.

La Commission n'a point, dans ce rapport, à indiquer la marche à suivre pour atteindre ce but : cette marche se déduit, d'ailleurs, de l'exposé des expériences qui précèdent.

CONCLUSION

Reprenant et complétant les termes dont elle s'est servie dans son rapport de 1873, la Commission se croit autorisée à déduire des résultats obtenus en 1874 que, sans faire disparaître le phylloxera, les mélanges d'engrais riches en potasse et en matières azotées, surtout quand certains d'entre eux présentent des propriétés insecticides, tels que les mélanges dans lesquels entrent les sulfures et les sulfates alcalins et terreux, les sels d'été des salines, la suie, les cendres végétales, l'ammoniaque, la chaux, ont produit de bons effets sur les vignes malades, en activant leur végétation, en augmentant leur production et en permettant à leur fructification de s'accomplir. »

Montpellier, le 22 octobre 1874,

LES MEMBRES DE LA COMMISSION : Henri MARÈS, *président ;* Gaston BAZILLE, *vice-président ;* DUFFOUR, *secrétaire ;* DURAND, JEANNENOT, *secrétaires rapporteurs :* GOLFIN, LICHTENSTEIN, PLANCHON, SAINTPIERRE, SAHUT, VIALLA.

Rapport de la Commission Spéciale

POUR L'ÉTUDE DES VINS AMÉRICAINS

QUI FIGURAIENT A L'EXPOSITION DES VINS

Faite pendant la durée du Congrès viticole de Montpellier

L'Exposition des vins qui a eu lieu pendant la durée du Congrès avait trois buts distincts, qu'il importe de faire ressortir :

Il était d'abord essentiel que le public étranger à la région, que le Congrès avait attiré à Montpellier, eût toute facilité de goûter les diverses sortes de vins récoltées dans le Midi, pour se faire une opinion exacte des qualités si variées qui y sont produites. C'est pourquoi un appel avait été adressé, non-seulement aux viticulteurs de l'Hérault, mais aussi aux Sociétés d'agriculture des départements voisins, pour les inviter à envoyer à la salle Saint-Côme des échantillons de leurs vins destinés à une dégustation entièrement publique.

En second lieu, il importait de profiter de la réunion de toutes les personnes qui s'intéressent aux diverses questions œnologiques, pour leur faciliter les moyens de déguster les *vins d'imitation*. C'était là une occasion toute naturelle pour rectifier bien des appréciations erronées et combattre des préjugés aussi enracinés que peu fondés.

L'intéressante communication de M. le professeur Saintpierre, dans la séance du 30 octobre, avait déjà démontré l'injustice de ces préventions contre cette branche de commerce si importante et si utile à l'écoulement des vins français sur les marchés étrangers. La dégustation de ces vins devait aider à dissiper bien des préjugés.

Enfin l'Exposition des vins avait un troisième but, assurément le plus important, comme l'a bien prouvé l'empressement du public : nous voulons parler de l'étude des vins américains. Dans la séance du Congrès du 28 octobre, qui avait été consacrée aux cépages américains, M. Planchon avait fait des communications du plus haut intérêt sur cette question, qu'il a si bien étudiée lui-même aux États-Unis, et chacun désirait dès lors goûter les vins produits par ces cépages et juger du parti qu'on pourrait en tirer.

En présence de l'insuccès auquel ont abouti toutes les tentatives faites depuis 1868 pour préserver ou guérir nos vignes ; en voyant qu'après six ans d'efforts persévérants, nul procédé préservatif ni curatif (en dehors de la submersion) n'est universellement reconnu comme efficace, bien des personnes sont portées à s'abandonner au découragement; à tort où à raison elles ne voient de planche de salut que dans les cépages américains. La Société d'agriculture de l'Hérault, sans renoncer à l'espoir de conserver nos précieuses vignes européennes, n'a pas cru devoir négliger ce côté de la question, et dans ce but elle a invité les Chambres de commerce de Montpellier et de Cette à lui prêter à cet égard leur précieux concours. Grâce à leur appui, il a été possible de réunir à frais communs un assortiment assez complet de vins produits (tant en France qu'en Amérique) par des cépages américains.

Une Commission de dégustation, choisie parmi les personnes les plus qualifiées, a reçu la mission spéciale de goûter ces derniers vins et de aire connaître son appréciation au public; celui-ci a été admis aussi à les goûter librement.

Tel a été le triple but que s'est proposé la Commission d'organisation, présidée par M. Louis VIALLA, vice-président de la Société d'agriculture, et composée de

MM. PLANCHON, Frédéric CAZALIS, Paul CASTELNAU, J. LEENHARDT-POMIER,	Délégués par la Société d'agriculture.
MM. Ed. VIVARÈS, CUILLERET, MARIGO,	Délégués par la Chambre de commerce de Cette.
MM. Ch. LEENHARDT, Ch. BLOUQUIER, E. LEENHARDT-CAZALIS,	Délégués par la Chambre de commerce de Montpellier.

Nous allons passer rapidement en revue ces trois expositions distinctes.

VINS ORDINAIRES. — Dans cette première catégorie, grâce au concours des Sociétés d'agriculture de Vaucluse, du Gard, de l'Aude, et aussi de divers viticulteurs du Var, des Pyrénées-Orientales et de l'Hérault, 368 échantillons des diverses qualités de vins que produit la région étaient offerts à la libre dégustation des visiteurs. On y remarquait des vins de Sainte-Cécile, Châteauneuf-du-Pape, Avignon, Oppède, Sarrians, la Gardiole, Tavel, Sommières, Uchaud, Saint-Gilles, Olonzac, Fitou, Limoux, Roquelongue, Transse, Pézilla, la Seyne, etc. A côté de toutes ces variétés de vins rouges se groupaient celles des vins blancs, telles que

Terrets-Bourrets, Piquepouls , Clairettes, Tokays, Muscats, Malvoisie, Grenache, Pinot blanc, etc.

Vins d'imitation. — Dans cette catégorie, qui, selon nos prévisions, a intéressé de nombreux visiteurs, on a pu goûter les imitations françaises de Sherry, Malaga, Madère, Porto, Lisbonne blanc, Geropiga, etc., que les maisons Winberg et Ewerdt, E. Blouquier et fils et Leenhardt, de Cette, Métius Fichet, de Montagnac, etc., avaient offertes à la dégustation publique. On a pu s'y convaincre que ces vins ne sont bien réellement que le produit naturel de la vigne, provenant de cépages analogues à ceux qui, sous le ciel du Portugal et de l'Espagne, produisent les vins célèbres de ce nom. Chacun sait que les divers marchés des Deux Mondes les demandent à notre commerce d'exportation par grandes quantités, concurremment avec leurs similaires d'origine étrangère.

Du reste, l'excursion faite à Cette et à Mèze, le samedi 31 octobre, a offert à tous les membres du Congrès l'occasion de voir par eux-mêmes, dans les vastes chaix de M. Noilly-Prat et de M. P.-E. Thomas, tout ce qui concerne cette importante branche de notre commerce extérieur.

Vins américains. — Cette dernière partie de l'Exposition était assurément la plus intéressante, et c'était, du reste, la seule que la Commission de dégustation eût été chargée d'étudier.

La Commission, qui s'est réunie le 26 octobre 1874 à cet effet, était composée de :

MM. Bencker, négociant à Cette ;
 Ch. Blouquier, membre de la Chambre de commerce de Montpellier ;
 L. Guiraud, ancien président de la Chambre de commerce de Nîmes ;
 Ch. Leenhardt, membre de la Chambre de commerce de Montpellier ;
 J. Leenhardt-Pomier, négociant à Montpellier ;
 Marigo, membre de la Chambre de commerce de Cette;
 Peyron, juge au Tribunal de commerce de Montpellier ;
 Quet, juge au Tribunal de commerce de Cette ;
 Rieunier de François, négociant, à Cette;
 Teissonnière, président de la Chambre syndicale du commerce des vins, à Paris ;
 Ladrey, professeur de chimie à la Faculté des sciences de Dijon.

Ces deux derniers en remplacement de MM. P.-E. Thomas, de Mèze, et Cyprien Crozals, de Béziers, empêchés.

Cette Commission, après avoir désigné M. Leenhardt-Pomier comme rapporteur, a procédé à la dégustation des vins qui lui étaient soumis.

Avant de donner le tableau détaillé, mais assez aride, de ses appréciations en regard de chaque qualité, quelques explications sont nécessaires.

La Commission ne pouvait avoir d'autre mandat que d'apprécier le goût de chacun des vins qui lui étaient soumis et de juger de la possibilité de les employer dans la consommation française. Quant à la partie scientifique, concernant la nature et la composition de ces vins, M. Saintpierre, professeur à l'Ecole d'agriculture de Montpellier, et M. Félix Foëx, chef des travaux chimiques à ladite Ecole, avaient bien voulu se charger d'en faire une étude et un rapport spéciaux.

Pour ce qui regarde l'importante question du plus ou moins de résistance au phylloxera de ces diverses variétés américaines, leur vigueur, leur fécondité, leur appropriation à notre climat, à notre sol, etc., la Commission n'a pas eu à s'en préoccuper : c'est aux agriculteurs seuls qu'il appartiendra de décider, et encore faudra-t-il pour cela qu'une expérience un peu plus prolongée permette de se prononcer avec plus de certitude à l'égard des essais multiples qui se poursuivent un peu partout, ces dernières années, dans des conditions très-diverses.

Négligeant donc ici ces divers côtés de la question, nous nous bornerons à rendre compte des jugements de la Commission de dégustation.

La Commission se trouvait en présence de vins de deux origines distinctes :

1° Les vins récoltés en France de cépages américains ;

2° Les vins récoltés en Amérique.

Dans la première catégorie figuraient divers vins rouges récoltés chez M. Laliman, à Bordeaux ; — chez M. Borty, à Roquemaure; — chez M. le professeur Saintpierre, à sa campagne de Rochet, près Montpellier ; — chez M. Barral, à Mauguio, — et enfin à l'Ecole d'agriculture de Montpellier.

Dans la seconde catégorie étaient compris divers vins rouges et blancs récoltés chez MM. Bush, de St-Louis (Missouri), adressés à MM. Blouquier et fils et Leenhardt ; — d'autres de MM. Poeschel et Scherer, d'Hermann (Missouri), reçus par M. Douysset ; — d'autres adressés par M. Labiaux, de Ridgeway (Caroline du Nord), à MM. Bazille et Leenhardt; — d'autres adressés par M. le professeur Riley, de St-Louis, à M. le professeur Planchon ; — d'autres enfin reçus par M. Fabre, de Fournel.

Parmi les vins américains figuraient aussi quelques types des produits de la Californie. M. Sabatier, de San-Francisco, qui avait adressé ces vins à M. Marigo, les désigne comme produits, les uns, par des cépages étrangers à la Californie et venus d'Europe, les autres par des cépages indigènes. Ces vins n'offrent pas du reste le même intérêt, puisqu'ils ont été récoltés par-delà les Montagnes Rocheuses, soit dans une contrée qui paraît être restée préservée jusqu'alors du phylloxera.

Si le jugement de la Commission, comme celui du public, a été souvent défavorable à la plupart de ces vins, il importe d'observer qu'ils ont été produits dans des conditions très-désavantageuses, surtout ceux qui ont été récoltés en France. En effet, pour ces derniers, par suite de l'impatience bien naturelle où l'on était de goûter des produits des vignes américaines, quels qu'ils fussent, et par suite de leur rareté même, on a dû se contenter de vins, pour la plupart, à peine faits depuis quelques jours, provenant de raisins presque verts, cueillis sur des souches trop jeunes ou des greffes de l'année ; ils étaient, en outre, récoltés en quantités si minimes, qu'il avait fallu le plus souvent se contenter de les faire fermenter dans de simples bouteilles, et personne n'ignore que des fermentations faites dans de pareilles conditions laissent toujours beaucoup à désirer.

Quant aux vins produits en Amérique, chacun sait combien il existe encore peu de vignes dans cette contrée et combien la vinification y est à l'état primitif. En outre, la plupart des vins y sont d'ordinaire sucrés, manipulés (gallisés, comme disent les Américains), en vue du goût local.

Les vins ainsi préparés offrant peu d'intérêt, il avait été demandé autant que possible en Amérique des vins bien naturels, produits tout simplement suivant les procédés français ; mais encore sont-ils en général usés ou trop âgés, mal faits ou mal conservés.

Et cependant, en tenant compte de conditions aussi peu favorables à une comparaison avec nos propres vins, quelques-uns de ces produits ont été favorablement jugés. S'il est des variétés telles que l'*Ives seedling*, ayant un goût particulier désagréable, appelé par les Américains *foxy* (sauvage ou de renard), rapproché par d'autres du goût de cassis ou de framboise, qui rend ces vins peu propres à la consommation européenne, on en trouve, par contre, certains chez lesquels ce goût spécial est fort léger et nullement désagréable. Il y a tout lieu de croire que le consommateur s'y habituerait bien vite, s'il venait à être malheureusement privé de nos vins de cépages européens. Du reste, les vins provenant des diverses variétés d'*Æstivalis* sont beaucoup plus exempts de ce goût que ceux que produisent les *Labrusca*, les *Cordifolia*, etc. ; quelques espèces ont même été fort appréciées, et nous devons mentionner parmi celles-ci, en fait de vins rouges, les *Cynthiana* et les *Norton's Virginia*, et, en fait de vins blancs, les *Martha, Goethe, Rulander, Hermann, Herbemont, Cunningham*, ces quatre derniers faits en blanc avec des raisins rouges.

On peut aussi espérer que le goût originel, qui surprend et déplaît dans beaucoup d'autres variétés, pourrait se modifier et s'atténuer par la culture de ces mêmes cépages sous notre climat et dans un sol différent, et aussi par nos procédés de vinification, plus perfectionnés en Europe. C'est ainsi que le vin qui a le plus vivement intéressé et satisfait la

Commission de dégustation est celui que M. Laliman a exposé comme produit cette année par ses cépages de *Jacquez-Laliman* (1) et ses *Waren*. Ce vin, quoique si jeune et produit dans les paluds, a une magnifique couleur et un goût irréprochable, qui le rapproche beaucoup de ceux que produisent les cépages bordelais cultivés dans les mêmes conditions. M. Laliman pense que ces mêmes variétés américaines, si elles étaient cultivées dans des terrains supérieurs, coteaux, graves, et non plus dans les terrains humides et d'alluvion des bords de la Garonne, produiraient des vins encore bien meilleurs.

Après ces explications préliminaires, nous nous bornerons à transcrire textuellement les appréciations de la Commission, et donnerons à la suite de ce tableau la simple nomenclature des sarments, souches, raisins américains et objets divers qui figuraient aussi à cette Exposition. Nous nous abstenons d'en donner une appréciation officielle, qui n'était pas de la compétence de la Commission des vins.

VINS AMÉRICAINS RÉCOLTÉS EN FRANCE

Clinton (1874), récolté chez M. Borty, à Roquemaure, par les soins de M. Douysset.

Vin rouge, de belle couleur foncée, mais acide.

Hartford prolific (1874), récolté par M. Borty.

Vin rouge, de couleur moyenne, ayant de la verdeur et ne paraissant pas offrir toutes les garanties de conservation, supérieur pourtant au vin produit en Amérique par ce cépage.

Jacquez (1874), récolté chez M. Borty. (La détermination de ce cépage, qui est le même que le *Jacquez-Laliman*, est encore incertaine au point de vue de la nomenclature américaine).

Vin rouge, de très-belle couleur foncée, un peu plat au palais, ayant de la valeur pour les coupages à raison de sa riche nuance, mais d'une verdeur presque acide, exempt pourtant de mauvais goût.

Waren (Herbemont) et *Jacquez-Laliman* (1873), récolté chez M. Laliman.

Vin rouge, de très-belle couleur, parfaitement bon et droit de goût, ne se distinguant par aucun goût particulier des vins produits dans les mêmes conditions par des cépages français.

Lenoir et *Jacquez-Laliman* (1874), récolté chez M. Laliman.

(1) Pour éviter toute confusion, nous donnons le nom de *Jacquez-Laliman* à ce précieux cépage, qui est cultivé par M. Laliman, à Bordeaux, et par M. Borty, à Roquemaure. Des doutes sérieux paraissent exister sur l'identité de ce cépage avec la variété que les Américains connaissent sous le nom de *Jacquez*.

Vin rouge, de belle couleur, bon et droit de goût, satisfaisant.

Delaware (1874), récolté chez M. Laliman.

Vin blanc, assez joli, mais ayant un goût spécial.

Taylor (1874), récolté chez M. Laliman.

Vin blanc, un peu rosé, ayant un goût particulier.

Jacquez-Laliman (1873), récolté chez M. Laliman.

Vin rouge, de belle couleur, mais ayant beaucoup de verdeur, presque acide.

Divers Æstivalis (1872), récoltés chez M. Laliman.

Vin rouge, de couleur moyenne, paraissant déjà vieux et usé.

Cunningham et *Jacquez-Laliman* (1870), récolté chez M. Laliman.

Vin rouge, de couleur moyenne, usé.

Waren et *Clinton* (1869), récolté chez M. Laliman.

Vin rouge, usé tant pour le goût que pour la couleur, exempt pourtant de vice ou de mauvais goût.

Isabelle (1868), récolté chez M. Laliman.

Vin rouge, de couleur moyenne, usé et d'un goût désagréable.

Concord, Catawba, Diana (1874), récolté à l'École d'agriculture de Montpellier.

Vin rouge, de couleur moyenne, ayant beaucoup de verdeur, presque acide et d'un goût particulier désagréable.

Clinton (1874), récolté par M. Barral, de Mauguio, sur des greffes de l'année.

Vin rouge, de couleur très-foncée, mais d'un goût désagréable et acide.

Isabelle (1872), récolté chez M. Saintpierre, à Rochet, près Montpellier.

Vin rouge, de très-faible couleur et d'un goût particulier désagréable; acide.

VINS AMÉRICAINS RÉCOLTÉS EN AMÉRIQUE

Norton's Virginia, récolté chez MM. Bush, à Saint-Louis (Missouri),

Vin rouge, de couleur moyenne, agréable, quoique ayant un léger goût particulier; un peu trop usé.

Cynthiana, récolté par M. Bush.

Vin rouge, de belle couleur, riche en corps et en alcool, un peu usé; rappelant les vins vieux du Roussillon.

Concord, récolté chez MM. Bush.

Vin rouge, de couleur moyenne, assez fin quoique un peu usé, ayant un goût particulier.

Clinton, récolté chez MM. Bush.

Vin rouge, de couleur moyenne, usé pour le goût comme pour la couleur, ayant un léger goût particulier.

Ives seedling, récolté par MM. Bush.

Vin rouge, ayant une fort jolie couleur, mais d'un goût très-désagréable.

Riesen Blatt, reçu de MM. Poeschel et Scherer, à Hermann (Missouri).

Vin rouge, de belle couleur; fort bon de goût et riche en alcool.

Virginia seedling (Norton's Virginia), reçu de MM. Poeschel et Scherer.

Vin rouge, d'une jolie couleur, assez bon de goût.

Cynthiana, reçu de MM. Poeschel et Scherer.

Vin rouge de belle couleur, corsé, alcoolique, bon de goût; rappelant les caractères des Roussillon vieux.

Concord, reçu de MM. Poeschel et Scherer.

Vin rouge ayant jauni ; vin bien constitué, se rapprochant assez des petits vins du Midi, sauf un léger goût particulier.

Clinton, reçu de MM. Poeschel et Scherer.

Vin rouge, de jolie couleur, bien conservé ; semblerait avoir reçu une préparation spéciale.

North Carolina, reçu de MM. Poeschel et Scherer.

Vin rouge, de faible couleur; usé et de goût désagréable.

Wilder, reçu de MM. Poeschel et Scherer.

Vin rouge, de couleur moyenne et usée, ayant un goût spécial désagréable.

Ives seedling, reçu de MM. Poeschel et Scherer.

Vin rouge, de couleur moyenne, assez corsé, mais d'un goût fort désagréable, très-prononcé.

Virginia seedling (1872), provenant de chez M. Kelly, propriétaire à Webster, près St-Louis (Missouri), adressé par M. Riley à M. Planchon.

Vin rouge, de jolie couleur, mais âpre et rude.

Ives seedling (1872), même provenance.

Vin rouge, de belle couleur, mais d'un goût désagréable assez prononcé.

Concord, reçu de M. Labiaux, de Ridgeway (Caroline du Nord).

Vin rouge, de jolie couleur moyenne; assez bon de goût; paraîtrait avoir été aviné.

Scuppernong rouge, reçu de M. Labiaux.

Vin rouge, jaunâtre, liquoreux et alcoolique, rappelant défavorablement les vins d'Espagne doux.

Norton's Virginia, reçu d'Amérique par M. Fabre de Fournel.

Vin rouge, usé pour la couleur comme pour le goût, paraît trop vieux pour offrir quelque intérêt.

VINS BLANCS D'AGE INDÉTERMINÉ (1)

Herbemont, récolté chez MM. Bush, à Saint-Louis (Missouri).

Vin blanc, provenant de raisins rouges; assez agréable, quoique ayant un léger goût particulier.

Cunningham, récolté chez MM. Bush.

Vin blanc, provenant de raisins rouges; un peu faible en alcool, mais agréable et assez droit de goût.

Concord (fait en blanc), récolté chez MM. Bush.

Ce vin blanc, provenant de raisins rouges, est très-blanc, franc de goût, se rapprochant assez des vins analogues français, tels que les aramons faits en blanc.

Taylor, récolté chez MM. Bush.

Vin blanc, un peu jaune, d'un goût désagréable.

Catawba, récolté chez MM. Bush.

Vin très-blanc, ayant de la finesse, mais avec un goût particulier.

Rulander, reçu de MM. Poeschel et Scherer, de Hermann.

Vin blanc, provenant de raisins rouges, bien exempt de goût particulier, bon et vineux.

Hermann, reçu de MM. Poeschel et Scherer.

Vin blanc, provenant de raisins rouges, bien droit de goût, particulièrement bon et corsé.

Herbemont, reçu de MM. Poeschel et Scherer.

Vin blanc, provenant de raisins rouges, assez agréable, rappelant le goût des vins de l'est de la France.

Cunningham, reçu de MM. Poeschel et Scherer.

Vin blanc, provenant de raisins rouges, assez corsé, bon de goût.

Martha, reçu de MM. Pœschel et Scherer.

Vin blanc, de teinte un peu rosée, se rapprochant du caractère des vins de Piquepoul récoltés dans l'Hérault.

---

(1) On pourra être surpris de voir figurer dans cette Exposition bien plus de vins blancs que de vins rouges. Cela tient à ce que, en Amérique, contrairement à ce qui se produit en France, mais conformément à ce qui a lieu en Suisse et dans d'autres contrées, la consommation se porte bien plus sur les vins blancs que sur les rouges.

Gœthe, reçu de MM. Pœschel et Scherer.

Vin blanc, assez fin, se rapprochant du caractère des Piquepouls; ayant un goût spécial qui n'est pas désagréable.

Scuppernong blanc doux, reçu de M. Labiaux, de Ridgeway.

Vin blanc, à goût presque médicinal, fort peu intéressant.

Scuppernong blanc sec, reçu de M. Labiaux.

Vin blanc éventé, fort peu agréable.

Scuppernong sucré (1870); avec indication d'un quart de livre de sucre par gallon de quatre litres; reçu d'Amérique par M. Fabre.

Vin blanc à la fois doux et acide, d'un goût désagréable.

Muscatel, reçu d'Amérique par M. Fabre.

Ce vin (qui est indiqué comme composé d'un quart Thomas et trois quarts Scuppernong, avec addition d'un quart de livre de sucre par gallon), est blanc, doux, peu agréable et sans grand intérêt.

Catawba (1867), de MM. J. Kelly, de Webster (Missouri), adressé par M. Riley à M. Planchon.

Vin blanc, fin et délicat, ayant un léger goût particulier, qui n'est pas désagréable.

White-Concord (Concord blanc), 1869, même provenance.

Vin blanc joli, mais usé, ayant un goût assez désagréable.

Même vin (1872), même provenance.

Assez semblable au précédent, mais mieux conservé.

VINS DE CALIFORNIE

Récoltés à Buena-Vista (Sonora)

Vins rouges provenant de cépages européens indéterminés.

Vin de bonne nature et fort agréable, assez semblable à ceux que produit la côte du Rhône.

Vin rouge provenant de divers cépages indigènes indéterminés.

Ressemble au précédent, quoique moins délicat, droit de goût; légère fermentation.

Vin blanc provenant de cépages européens indéterminés.

Vin très-joli et très-fin, fort agréable; rappelant les bons vins similaires récoltés dans les terrains caillouteux du midi de la France.

Vin blanc provenant de divers cépages indigènes indéterminés.

Assez semblable au précédent, un peu moins fin, rappelant la clairette de Die; légère fermentation.

RAISINS EXPOSÉS

A côté de ces vins, le public a pu voir et goûter des raisins exposés par divers producteurs, savoir :

Envoi de M. Laliman, de Bordeaux.

Le *Lenoir*	(américain), —	petit grain rouge.
Le *Jacquez-Laliman*	*id.*	*id.*
Le *Cunningham* ou *Long*	*id.*	*id.*
L'*Herbemont* ou *Waren*	*id.*	*id.*
L'*Alvey*	*id.*	*id.*
Le *Delaware*	*id.*	petit grain rose.
Le *Concord*	*id.*	gros grain rouge.
L'*Elsinboro*	*id.*	petit grain rouge.
Le *Cabernet*, de Bordeaux		*id.*

Auprès de ces raisins étaient quelques feuilles d'un cépage européen (le Petit-Bouschet), cultivé à Bordeaux, sur lesquelles on pouvait voir quelques galles du phylloxera.

ENVOI DE M. PULLIAT, DE CHIROUBLES (Rhône)

Le *Taylor*	(américain), —	grains moyens gris.
Le *Maxatawney*	*id.*	*id.*
L'*Elsinburg*	*id.*	petit grain gris.
Le *York-Clara*	*id.*	grain moyen rose.
Le *Catawba*	*id.*	grain moyen rose.
Le *Lindley*	*id.*	*id.*
Le *Delaware*	*id.*	petit grains gris.
L'*Israella*	*id.*	grain moyen gris.
L'*Iona*	*id.*	*id.*
Le *Salem*	*id.*	*id.*
Le *Scuppernong*	*id.*	grain rond de couleur verdâtre.
Le *Concord*	*id.*	grain moyen rouge.
L'*Herbemont* ou *Waren*	*id.*	petit grain rouge.
Le *Lenoir*	*id.*	*id.*
Le *Jacquez*	*id.*	*id.*
Le *Wilder*	*id.*	*id.*
Le *Vorlington*	*id.*	*id,*
Le *Yeddo*	du Japon	*id.*
Le *Laperavi,*	du Caucase	noir.
Le *Dodrelabi*	*id.*	à gros grains rouges.
Le *Melcori*	*id.*	grosse grappe à petits gr. ronds.
Le *Comte-Odart*	(semis)	noir.

ENVOI DE M. DOUYSSET, PROVENANT DE CHEZ M. BORTY, DE ROQUEMAURE.

Le *Jacquez* ou le *Cynthiana* (américain).
Le *Clinton*   *id.*
L'*Hartford prolific*   *id.*
L'*Iona*   *id.*

M. Reich, qui dirige l'important domaine de l'Armeillère, en Camargue, avait exposé de fort jolies souches en vases de divers cépages américains : le *Catawba*, l'*Elsinburg*, le *Taylor*, le *White-Fox*, le *Concord*, le *Clinton*, le *Norton's Virginia*, le *Mustang*.

M. Léon Barral, de Maugnio, avait également exposé dans un grand vase en bois une souche européenne greffée ce printemps dernier en *Clinton*, dont les longs sarments supportaient déjà bon nombre de petites grappes.

M. Henri Bouschet, de Montpellier, comme complément de sa communication au Congrès, avait exposé de jeunes boutures américaines de l'année sur lesquelles il avait greffé, avant plantation, des sarments d'aramon. Le cépage américain porte-greffe et l'aramon lui-même avaient émis des racines; la greffe, bien soudée, paraissait avoir réussi, et le sarment d'aramon s'était vigoureusement développé, de telle sorte que l'on pouvait compter sur la vitalité d'une plante qui, avec des racines américaines résistant au phylloxera, donnerait un fruit européen.

Enfin, cinq cartes du département de l'Hérault, minutieusement teintées en rose par M. Gaston Bazille, président de la Société d'agriculture, permettaient au public de suivre très-exactement les progrès de l'invasion du phylloxera dans ce département, pendant les années 1870, 1871, 1872, 1873 et 1874, c'est-à-dire depuis la première apparition du puceron jusqu'à cette heure.

En terminant ce rapport, la Commission croit devoir renouveler les réserves déjà exprimées en ce qui concerne la recommandation de tel ou tel cépage, n'entendant pas assumer à cet égard une responsabilité qui ne lui incombe pas. Elle doit rappeler aussi que tel cépage qui a été classé comme inférieur à tel ou tel autre, pour la qualité du vin qu'il produit, peut justement se trouver plus approprié au rôle de porte-greffe, soit par sa vigueur, soit par ses propriétés agricoles. Quant aux appréciations relatives à la qualité des vins soumis à son examen, la Commission doit déclarer qu'elle n'a eu, quant à l'origine de chaque espèce, d'autres renseignements que ceux indiqués par les étiquettes des bouteilles, dont elle n'avait pas à contrôler l'exactitude. En outre, la qualité des divers échantillons provenant d'un même cépage offrait des différences trop sensibles, à raison du plus ou moins de soin apporté à sa vinification, pour qu'il fût permis de conclure de cette simple dégustation que telle ou telle variété devrait produire un bon ou un mauvais vin.

Sous ces réserves, nous signalerons :

Parmi les vins qui ont paru les meilleurs et les plus appropriés à la consommation européenne : le *Jacquez-Laliman*, le *Cynthiana*, le *Norton's Virginia*, l'*Herman*, le *Rulander*, l'*Herbemont*, le *Cunningham*, etc., et généralement les *Æstivalis*.

Parmi les vins qui pourraient, malgré leur goût spécial, être utilisés pour des coupages avec les vins français ou même pour une consommation directe populaire : le *Clinton*, le *Concord*, etc.

Enfin, parmi ceux auxquels le consommateur aurait le plus de peine à s'habituer, à raison de leur goût trop désagréable : l'*Ives Seedling*, le *Scuppernong*, l'*Isabelle*, le *Wilder*, le *North Carolina*, l'*Hartford prolific*, etc.

Il ne nous reste plus qu'un dernier devoir à remplir (et nous sommes convaincu que nous serons à cet égard l'interprète du sentiment public), en remerciant tous les hommes dévoués et intelligents qui ont bien voulu concourir au succès de cette Exposition. Par leurs envois de vins français, de vins américains et de raisins; par leurs communications des divers résultats obtenus, soit par les plantations, soit par les greffes, ils auront efficacement concouru aux progrès qui sont poursuivis dans l'importante recherche des moyens de préserver nos beaux vignobles de la ruine dont ils sont menacés.

Le Rapporteur de la Commission de dégustation,

Jules LEENHARDT-POMIER.

<hr>

RECHERCHES
Sur la composition des vins américains

Le Congrès viticole qui vient de réunir à Montpellier les notabilités scientifiques de la France et de l'étranger a consacré une longue séance à l'examen des questions qui touchent aux vignes américaines.

L'immunité relative de certains cépages américains, par rapport au phylloxera, a été affirmée de nouveau par les observations de M. Laliman et les recherches de M. Planchon. Devant le courant d'opinion qui porte beaucoup de viticulteurs à régénérer leurs vignobles par les vignes des États-Unis, les œnologues n'ont pas voulu rester en arrière, et la question des vins produits par ces cépages exotiques s'est posée d'elle-même.

Dans la pensée de répondre aux désirs de nos commerçants et de nos propriétaires, en leur faisant connaître les vins d'Amérique, une Exposition avait été organisée à l'hôtel Saint-Côme, par les soins de la Société d'agriculture de l'Hérault et des Chambres de commerce de Montpellier et de Cette. A part les dégustations publiques qui ont eu lieu à cette Exposition, un examen de ces produits a été fait par une Commission spéciale. M. Jules Leenhardt a résumé, dans un intéressant Rapport, l'appréciation du Jury.

Mais l'étude complète des vins américains exigeait encore des analyses chimiques, que les organisateurs de l'Exposition nous ont fait l'honneur de nous confier. La présente note contient l'exposé de nos recherches.

<h2 align="center">I. — ANALYSE DES VINS</h2>

Les échantillons qui provenaient de l'hôtel St-Côme ont été apportés au laboratoire de technologie de l'Ecole d'agriculture. Par un premier triage, nous avons dû éliminer ceux qui étaient altérés par le séjour à l'Exposition et la vidange des flacons, de manière à n'opérer que sur des bouteilles non entamées ou tout au moins sur des produits en état de parfaite conservation. Grâce à l'obligeance de M. Planchon et de M. Leenhardt, il nous a été possible de remplacer les vins qui avaient souffert par des types absolument intacts, et de refaire sur quelques échantillons en double les dosages de nos analyses. Malgré cela, certains types altérés n'ont pu être remplacés, et nous avons été forcés de négliger leur étude.

La classification que nous avons adoptée est celle du Rapport de M. Leenhardt. Nous distinguons :

1° Les vins de cépages américains récoltés en France ;

2° Les vins de cépages américains récoltés en Amérique, et divisés eux-mêmes en vins blancs et en vins rouges ;

3° Les vins des vignes de Californie, qui, bien que sans importance dans le débat actuel sur le phylloxera, n'en offrent pas moins un intérêt scientifique.

Dans les analyses, nous avons déterminé :

1° L'extrait des vins, en desséchant dans une étuve à 100° six centimètres cubes de vin, jusqu'à ce que le résidu fixe ne perdît plus de poids. Cet extrait a été rapporté au litre de vin.

2° L'alcool a été dosé par l'appareil Salleron, grand modèle, et rapporté à 100 volumes de vin (correction faite).

3° L'acidité totale a été déterminée sur 10 centimètres cubes par le procédé de M. Pasteur. L'eau de chaux qui nous a servi était telle, que 27°,5 saturaient 0,06124. L'acidité est rapportée au litre de vin et équivaut à SO^3 HO, c'est-à-dire que, si nous supposions tous les acides remplacés, équivalent à équivalent, par l'acide sulfurique, nous aurions, par litre, un poids d'acide représenté par les nombres de notre tableau (1).

4° La couleur a été appréciée au colorimètre de Duboscq. L'imperfection de cet instrument tient à deux causes : d'abord à l'absence de couleur type à laquelle on puisse rapporter la couleur des vins examinés ; ensuite à la difficulté de comparer des vins de nuances très-différentes. Nous avons essayé de remédier dans une certaine mesure à ces deux défauts. D'abord nous avons pris pour terme de comparaison le vin de l'École d'agriculture de 1873. C'est là, il faut le reconnaître, un choix arbitraire ; cependant ce vin peut être considéré comme possédant une bonne couleur moyenne pour le midi de la France. Ensuite nous avons reconnu qu'en éclairant très-fortement l'appareil par la lumière solaire, les différences de nuances disparaissaient en grande partie : on ne voit plus alors que des vins présentant des intensités de coloration inégales, sur lesquels la comparaison devient plus facile. Nous recommandons ce procédé aux chimistes.

Par convention, nous représentons par le nombre 20 la couleur du vin de l'École d'agriculture, et nous expliquons, pour les personnes qui n'ont pas l'habitude du colorimètre, que le pouvoir colorant est en raison inverse des nombres fournis par l'instrument et reproduits par notre tableau.

Les résultats de nos analyses sont résumés dans les tableaux ci-joints, où nous avons groupé les échantillons d'après la classification des cépages.

II. — DISCUSSION DES TABLEAUX (2)

Si nous jetons un coup d'œil d'ensemble sur les tableaux de nos analyses, nous pouvons faire les remarques suivantes :

1° CARACTÈRES GÉNÉRAUX. — La division botanique des cépages nous semble en rapport avec la composition des vins. Chaque type de vigne forme, en effet, un groupe dans lequel les vins, malgré leurs différences d'origine, d'âge et de fabrication, présentent d'assez grandes analogies de composition. C'est ainsi que le type *L'abrusca* donne des produits peu colorés, moyennement riches en extrait et en alcool, quand ils ne sont ni vinés, ni sucrés. Leur goût est désagréable et caractéristique ; il rappelle, soit le goût de la groseille cassis, soit le goût de la framboise. On peut en avoir une idée en goûtant les raisins de l'*Isabelle*. Nous pourrions ajouter qu'un grand nombre de bouteilles restées en vidange dans notre laboratoire se sont gâtées. Ce sont des produits d'une conservation évidemment plus difficile que ceux du type suivant.

(1) Pour donner une idée de la valeur des nombres qui représentent l'acidité, nous dirons que le vin de l'École d'agriculture, non plâtré (récolte de 1873), avait un titre égal à 5 gr. 170, SO^3 HO.

(2) Voir les tableaux aux pages 129, 130, 131 et 132.

Le type *Æstivalis* nous offre des vins très-colorés, très-corsés et dépourvus du goût désagréable du type précédent.

Le type *Cordifolia* est représenté par trop peu de variétés pour que nous puissions le caractériser.

Quant au *Scuppernong* (type *Rotundifolia*), ses vins forment un groupe parfaitement naturel, comme nous le verrons plus loin.

Le tableau A nous montre des vins récoltés en France sur des cépages américains. Ils sont moins riches en alcool que les vins d'origine. Les *Labrusca* récoltés en France ont conservé leur goût caractéristique. Quant au *Clinton*, on n'en peut rien dire, puisqu'il provient de greffes récentes. Tous les vins compris dans ce tableau se sont gâtés en peu de temps, les uns en se couvrant de fleurs, les autres en se piquant. Ce qu'il y a de plus remarquable dans le tableau A, c'est la coloration du *Jac- quez* et du *Clinton*, qui dépasse de beaucoup la couleur de nos vins les plus foncés, à tel point que le *Jacquez*, étendu de six fois son poids d'eau, a présenté encore autant de couleur que le vin de l'École.

Le tableau B comprend les vins rouges d'origine américaine; leur trait saillant est la richesse en alcool. Le résidu fixe est en général plus élevé que celui que fournissent les vins rouges français non plâtrés. Un grand nombre de ces vins (dont nous ignorons malheureusement l'âge) renferment encore une quantité notable de sucre qui a résisté à la fer- mentation. La présence de ce sucre et l'alcoolicité, réunies, nous portent à penser que plusieurs de ces vins ont reçu une addition, soit d'alcool, soit de sucre. Mais, pour être bien édifiés sur cette question, il serait né- cessaire d'avoir sur leur âge et leur fabrication des renseignements plus complets. Tous les vins de ce tableau, sauf les *Æstivalis*, sont moins colorés que le vin normal de l'École.

Les *Æstivalis* sont très-colorés, très-corsés, riches en alcool, en extrait et en acides.

Le *Scuppernong* rouge de M. Labiaux est un vin doux et très-alcoo- lique. Il se présente avec une richesse en extrait et en sucre qui ne per- met pas de le comparer avec les autres.

Le tableau C ne contient que des vins blancs récoltés en Amérique. Les *Æstivalis* continuent à se faire remarquer par leur corps; ils ont une saveur agréable et une jolie teinte de vin blanc.

Les *Labrusca*, quoiqu'ils n'aient pas cuvé avec la rafle et la pellicule, ont conservé leur goût particulier; mais ce goût est moins désagréable que pour les vins rouges de ce type.

Les *Scuppernongs* blancs sont très-intéressants; malheureusement, nous n'avions pas à notre disposition des quantités de liquide suffisantes pour faire des analyses complètes et doser le sucre. D'ailleurs, on sait par le mémoire de M. Le Hardy de Beaulieu que le vin de Scuppernong se fa- brique avec addition de sucre au moût. Ceux qui nous ont été soumis avaient un goût douceâtre, désagréable, qui rappelle celui de certaines potions pharmaceutiques.

2° COMPARAISON DES TABLEAUX. — Si nous comparons maintenant les tableaux les uns avec les autres, c'est-à-dire si nous examinons chaque type, à la fois, dans les trois tableaux, nous faisons les observations ci-après :

LABRUSCA. — Le goût caractéristique des raisins se conserve même dans les vins blancs et dans les produits cultivés en Europe. Les vins d'Europe sont moins alcooliques que les vins d'origine, et, parmi ceux-ci, les vins rouges sont ceux qui ont le plus d'alcool. C'est une nouvelle raison pour nous de conclure à l'addition d'alcool ou de sucre. La couleur est toujours faible et la conservation difficile.

ÆSTIVALIS. — C'est le groupe qui fournit les vins se rapprochant le plus de nos vins d'Europe. Parmi eux, les *Cynthiana* et les *Norton's Virginia* ont été forts remarqués ; la composition justifie les appréciations du public. Blancs ou rouges, américains ou français, ce sont de bons vins. Les *Jacquez* dominent tout le groupe par l'intensité de leur coloration.

CORDIFOLIA. — Il est impossible de comparer le *Clinton* américain avec celui de M. Barral, qui est plus faible en alcool, mais beaucoup plus coloré. Les *Taylors* sont alcooliques, mais gardent ce goût désagréable dont les *Æstivalis* nous ont paru exempts.

ROTUNDIFOLIA. — Les *Scuppernongs* rouges et blancs se ressemblent beaucoup par leur goût, leur teneur en sucre, excepté pour un seul, qui était qualifié de *sec* sur l'étiquette.

Les HYBRIDES DE ROGER sont des vignes obtenues de semis par l'hybridation et qui ne présentent pas les caractères d'un groupe déterminé. Les vins que nous avons examinés sont faibles en extrait et assez alcooliques.

III. — VINS DE CALIFORNIE

La *Viticultural Society* a envoyé six échantillons de la récolte de 1873. Les cépages indigènes nous présentent des vins riches en sucre, à extrait élevé et très-alcooliques. Ces vins étaient de bonne qualité, droits de goût et dépourvus de la saveur désagréable des vins du type *Labrusca*. Cependant, à peine débouchés, ils ont subi une nouvelle fermentation. Le seul vin rouge de cette classe était remarquable par sa couleur. Les cépages dits étrangers, et il faut entendre par là les cépages européens importés en Californie, présentent les mêmes caractères ; mais ils avaient des extraits plus faibles, moins de couleur, beaucoup moins de sucre, une saveur plus délicate, et ne se sont pas altérés au laboratoire.

C. SAINTPIERRE et FOËX.

Tableau A
Vins de Cépages américains récoltés en France

CÉPAGES	NATURE ET PROVENANCE	ALCOOL pour 100	Colori-mètre	Extrait par litre	ACIDITÉ totale	OBSERVATIONS
TYPE LABRUSCA						
Isabelle.	C. Saintpierre au Rochet, 1872.	10.2	rosé		4.673	Rosé, décoloré et usé. Un peu d'acide; goût désagréable.
Isabelle.	Récolté par M. Laliman, 1868.	9.7	30			Couleur moyenne; usé; goût désagréable; piqué.
Hartfort prolific.	— par M. Borty, 1874.	10.5		23.87		Sucre en quantité sensible.
TYPE ÆSTIVALIS						
Mélange d'æstivalis.	M. Laliman, 1872.	9.5	48	19.50	4.474	Goût peu agréable.
Jacquez.	M. Laliman (chauffé), 1873.	10.5	3	23.3	7.457	Un peu piqué; échantillon en vidange, traces de sucre.
Jacquez et Lenoir.	M. Laliman (chauffé), 1874	11.5	3			Goût de sirop de mûres; très-beau, mais doux.
Jacquez et Cunningham	M. Laliman, 1870.	11	36			Piqué.
TYPE CORDIFOLIA						
Clinton.	M. Barral (greffes de Clinton).	10.9	7	47.25		Vin piqué; sucre en quantité sensible.
ÆSTIVALIS ET CORDIFOLIA						
Herbemont et Clinton.	M. Laliman, 1869.	9.2	35		5.965	Usé; couleur tirant sur le jaune
Vin pris pour type.	Ecole d'agriculture, 1873.		20	20	5.170	

Tableau B

Vins rouges de Cépages américains récoltés en Amérique

CÉPAGES	NATURE ET PROVENANCE	ALCOOL pour 100	Colori-mètre	Extrait par litre	ACIDITÉ totale	OBSERVATIONS
TYPE LABRUSCA						
Concord.	M. Labiaux, à Ridgeway.	16.90	30	27.74	4.872	Bon goût, peu de parfum, sucre en quantité sensible.
Concord.	id.	17	46		5.269	Bon, brillant.
Concord.	M. J. Bush.	11.60	40		5.667	Affecté d'un goût particulier.
Concord.	id.	11	36		4.573	id.
Concord.	MM. Poeschel et Scherer.	12.40	52	20.48	4.374	Jauni, saveur caractéristique.
Ives seedling.	M. Kelly, 1872.	10.70	35	21.29	5.369	Goût désagréable, belle couleur.
Ives seedling.	MM. Poeschel et Scherer.	13.30	22	24.2	5.860	Parfum trop fort.
Ives seedling.	M. J. Bush.	11.30	20		5.667	Jolie couleur, saveur caractéristique.
North Carolina seedling	MM. Poeschel et Scherer.	13.50	56	19.68	4.872	Vin usé, saveur désagréable.
TYPE ÆSTIVALIS						
Cynthiana.	MM Poeschel et Scherer.	14.90	16	25.32	4.772	Belle couleur, bon goût.
Cynthiana.	M. J. Bush.	16.20	16	25.48	6.264	Couleur de rancio rappelant le Roussillon, très-bon vin.
Norton's Virginia.	id.	12	16	27.42	5.667	Sucre en quantité notable, jolie couleur.
Norton's Virginia.	Virginia seedling? M. Kelly.	13.90	5	40	6.264	Jolie couleur, saveur âpre, sucre en quantité notable.
Norton's Virginia.	id. MM. Poeschel et Scherer.	12.50			5.866	Jolie couleur, assez bon de goût
Riesen Blatt.	MM. Poeschel et Scherer (æstivalis?)	14.50	18	25.49	4.573	Belle couleur, bon à tous les points de vue; sucre en quantité notable.
TYPE CORDIFOLIA						
Clinton.	MM. Poeschel et Scherer.	15	22	22.23	5.766	Jolie couleur, saveur marquée.
TYPE ROTUNDIFOLIA						
Scuppernong rouge.	M. Labiaux	17.50	37	120.8		Vin très-sucré, très-doux.
HYBRIDES DE ROGER						
Wilder.	MM. Poeschel et Scherer.	13.40	34	16.93	4.872	Goût désagréable, couleur usée.
Vin pris pour type.	Ecole d'agric. de Montpellier. 1873.		20	20	5.170	

Tableau C

Vins blancs de Cépages américains récoltés en Amérique

CÉPAGES	NATURE ET PROVENANCE	ALCOOL pour 100	Extrait par litre	ACIDITÉ totale	OBSERVATIONS
TYPE LABRUSCA					
Concord.	M. J. Bush (St-Louis, Missouri).	10.5	20.60	5.369	Un peu de sucre.
	(vin blanc fait avec des raisins roug.)				
Concord.	M. Kelly, 1869.	12.5		4.772	Goût désagréable.
Catawba.	M. Kelly, 1867	13.5		4.275	Vin un peu parfumé, mais agréable. L'alcool a un goût et un peu de parfum très-agréables.
Catawba.	M. J. Bush.	12.1	17	5.667	Parfum marqué, mais non désagréable.
Delaware.	id.	13		5.667	Saveur caractéristique.
Delaware.	id.	11.9	19.20	4.673	Traces de sucre.
Martha.	MM. Poeschel et Scherer.	14.0	20.80	4.275	Teinte rosée.
TYPE ÆSTIVALIS					
Herbemont (Waren)	MM. Poeschel et Scherer (Hermann)	14.9	19.20		Bon goût, jolie teinte de vin blanc, pas de dépôts.
	(vin blanc fait avec des raisins roug.)				
Herbemont (Waren)	M. J. Bush	10.8	16.77	5.468	id. id. id.
Cunningham.	id.	15	20.15	5.170	Traces de sucre, saveur agréable.
Rulander.	MM. Poeschel et Scherer.	15		4.971	Saveur agréable.
	(vin blanc fait avec des raisins roug.)				
TYPE CORDIFOLIA					
Taylor.	MM. Poeschel et Scherer.	15.4	20.15	5.170	Parfum peu agréable, un peu de sucre.
Taylor.	M. J. Bush.	13		5.667	Goût de cassis très-marqué, un peu jaune.
TYPE ROTUNDIFOLIA					
Scuppernong.	M. Labiaux, de Ridgeway (doux).	15.2			Goût très-désagréable, goût de pharmacie, beaucoup de sucre, densité 1.035.
Scuppernong.	id. id. (sec).	16.1	23.20	3.778	id. traces de sucre.
Scuppernong.	1870, reçu par M. Fabre.	12.4		6.661	Un quart de livre de sucre par gallon.
Scuppernong.	Origine inconnue		57.25		Vin gâté : on n'a pu doser l'alcool. Enormément de sucre.
HYBRIDES DE ROGER					
Goethe.	MM. Poeschel et Scherer.	13.2	20	5.170	Jaune rosé, beaucoup de sucre.
Vin pris pour type.	Ecole d'agriculture de Montpellier.		20	5.170	

Tableau D

Vins récoltés à Buena-Vista (Sonora — Californie)

CÉPAGE	NATURE ET PROVENANCE	ALCOOL pour 100	Colori-mètre	Extrait par litre	ACIDITÉ totale	OBSERVATIONS
Cépages indigènes.	Viticultural Society, 1873.	15	8	35.70	3.778	Extrait violacé, sucre, légère fermentation, trouble.
id.	id.	14.80 vin blanc		51.60	4.176	Beaucoup de sucre, légère fermentation.
id.	id.	15	id.	38	3.800	id. id. id.
Cépages étrangers.	id.	14.30	22	35.40	3.181	Extrait violacé, sucre, droit de goût.
id.	id.	15.65 vin blanc		27.50	3.380	Sucre, droit de goût.
Vin pris pour type.	Ecole d'agriculture, 1873.		20	20	5.170	

TABLEAU se rapportant au Traitement de 25 Ceps par Essai

L'échelle adoptée pour les coefficients est de 0 à 12. Le coefficient des Ceps morts est 0, et celui des Ceps en bon état de végétation est 12. — Ces coefficients ont été donnés comparativement aux Ceps traités et à leurs témoins, après la vendange, en ne tenant compte que de l'état présent de la végétation).

No.	Substances employées par cep	1874 – Ceps traités : Aspect du feuillage	Poids des raisins	Degr. du moût	Longueur des sarm.	État de vég.	Coeff.	1874 – Ceps non traités : Aspect du feuillage	Poids des raisins	Degr. du moût	Longueur des sarm.	État de vég.	Coeff.	Coefficients déduits	Observations faites en 1874 sur les ceps traités et les témoins	1873 – Aspect du feuillage	Longueur moyenne des sarm. – Témoins	Longueur moyenne des sarm. – Ceps traités	Poids des raisins des ceps traités	Coeff. déduits
5	Arrosement avec une solution de sulfure de potassium dans de l'urine humaine. (100 grammes de sulfure de potassium et 20 litres d'urine.)	Très vert	58.00	10.60	1.00	10.00		»	7.250	2.00	0.25	2		3	L'es témoins sont presque tous morts.	Très vert	0.35	1.00	20.60	7
23	Semis, sur le sol, d'un mélange de sulfate de fer, d'engrais sulfatisé de Bierre, et de tourteau de colza. (400 grammes de sulfate de fer, 200 grammes de tourteau de colza, et 240 grammes d'engrais sulfatisé.)	Très vert	36.500	10	1.40	11		Vert	8.250	9	0.70	3		5	Trois ceps traités ont été frappés d'apoplexie.	Très vert	0.40	0.90	12.00	5
8	Fumure avec de la suie. (500 grammes de suie.)	Très vert	51.500	10.50	1.30	11		Vert	11.750	10	0.65	6		5		Vert	0.30	0.60	6.0	3
38	Arrosement avec de l'urine de vache additionnée d'huile de cade. (10 litres d'urine de vache et 1/10 de litre d'huile de cade.)	Très vert	86.250	9.50	1.25	12		Vert	21.500	10	0.60	7		5		Très vert	0.45	0.80	pas été pesé	3
1	Arrosement avec une solution de savon noir dans de l'eau. (500 grammes de savon et 10 litres d'eau.)	Vert	1.00	10.00	0.40	4		»	0	»	»	0		4	L'es témoins sont morts.	Ass.-vert	0.20	0.40	—	3
4	Arrosement avec une solution de sulfure de potassium dans de l'eau. (100 grammes sulfure de potassium et 16 litres eau.)	Ass.-vert	10.00	10.00	0.80	6		»	0	»	0.30	2		4	Un témoin est mort.	Vert	0.35	0.80	13.00	4
18	Fumure avec du fumier de ferme arrosé avec une solution d'aloès dans l'eau, et du goudron de gaz, et introduction de camphre dans un trou pratiqué dans la tige. (5 kilogrammes de fumier, 10 litres d'eau, 30 grammes d'aloès, 30 grammes de goudron, et 3 grammes de camphre.)	Vert	6.00	9	1.00	7		»	1.00	9	0.30	3		4	3 témoins morts et 1 mourant.	Vert	0.30	0.60	5.00	3
39	Arrosement avec de l'urine de vache additionnée de goudron de gaz. (15 litres d'urine de vache, et 3/4 de litre de goudron.)	Vert	62.50	9.50	1.15	11		Vert	33.500	8	0.60	7		4		Vert	0.50	0.60	—	1
40	Arrosement avec de l'urine de vache. (15 litres d'urine de vache.)	Vert	65.500	9	1.15	11		Vert	34.500	8	0.60	7		4	Trois ceps traités sont morts.	Très vert	0.45	0.80	39.0	3
51	Arrosement des ceps, préalablement fumés, avec de l'eau contenant du soufre rendu soluble par un procédé particulier. (8 kilogrammes de fumier de ferme et 1/5 de litre de la solution.)	Très vert	29.500	10.50	0.80	8		Ass.-vert	9.00	10	0.30	4		4		Très vert	0.40	0.75	19.00	3
42	Arrosement avec de l'urine humaine contenant de la suie, du sel de cuisine et du sulfate de fer. (3/4 de litres de suie, 1 kilogramme de sel de cuisine, 750 grammes de sulfate de fer, et 20 litres d'urine humaine.)	Vert	34.500	10.00	1.00	9		Ass.-Vert	9.00	8	0.50	6		3		Ass.-vert	0.50	0.60	pas été pesé	1
45	Fumure avec du tourteau de ricin. (1 kilogramme de tourteau.)	Très vert	66.00	10.50	1.15	11		Vert	31.250	10	0.70	8		3		Ass.-vert	0.50	0.70	pesé	2
60	Arrosement avec une décoction dans l'eau, de sel de cuisine, de sulfure de potassium et de sciure de bois, et dépôt du résidu au pied des ceps. (1/2 litre d'eau, 100 grammes de suie de bois, 50 grammes de sel de cuisine, 50 grammes de sulfure de potassium, et 100 grammes de sciure de bois de sapin.)	Vert	17.500	10.00	1.00	10		Ass.-Vert	10.00	9.50	0.70	7		3		Ass.-vert	0.55	0.80	—	2
64	Fumure avec du fumier de ferme, des cendres de bois et de la chaux grasse. (5 kilogrammes de fumier, 2 litres de cendres de bois, et 1/2 litre de chaux grasse.)	Très vert	87.500	9.75	1.15	11		Vert	33.00	9	0.80	8		3		Vert	0.40	0.80	5.00	3
3	Dépôt, au pied des ceps, de sulfure de potassium concassé. (0 k. 200 grammes de sulfure de potassium.)	Ass.-vert	2.00	10.00	0.40	3		»	0	»	0.25	1		1	4 ceps traités et 5 témoins morts.	Ass.-vert	0.25	0.40	pas été pesé	2
10	Fumure avec du fumier de ferme, de la cendre de bois et une solution de chlorhydrate d'ammoniaque dans de l'eau. (5 kilogrammes de fumier, 1 kilogramme de cendres, 5 litres d'eau et 60 grammes de chlorhydrate d'ammoniaque.)	Très vert	147500	10.99	1.50	12		Vert	100750	»	1.10	10		1	1 cep témoin frappé d'apoplexie.	Vert	0.50	1.00	10.00	3
41	Arrosement avec une solution de permanganate de potasse dans de l'eau. (6 grammes de permanganate de potasse, et 10 litres d'eau.)	Ass.-vert	25.00	10.00	0.70	7		»	10.500	10	0.89	5		2		Ass.-vert	0.60	0.70	pesé	1
50	Badigeonnage des racines avec du goudron de Norvège rendu plus fluide par du carbonate de potasse. (1/8 de litre de goudron.)	Ass.-vert	pas été pesé	»	0.40	4		»	pas été pesé	»	0.29	2		2	6 témoins et 8 ceps sont morts.	Ass.-vert	0.30	0.40	—	1
68	Fumure avec du tourteau de colza répandu dans des sillons ouverts entre les lignes des ceps. (1 kilogramme de tourteau de colza.)	Très vert	49.500	10.00	1.00	10		»	38.500	9	0.80	8		2		Ass.-vert	0.75	0.90	—	1
71	Fumure avec de la soie de bois et du sel de cuisine. (1/2 poignée suie, et 1 poignée sel cuisine.)	Très vert	93.00	10.00	1.10	11		Vert	80.500	10	0.90	9		2		Ass.-vert	0.50	0.60	—	1
85	Fumure avec un mélange de boue d'égouts, de salpêtre, de suie, de cendres de bois, de chaux et de tan. (6 kilogrammes de boue d'égouts, 50 grammes de salpêtre, 80 grammes de suie, 80 grammes de cendres non lessivées, 80 grammes de chaux et 80 grammes de tan.)	Très vert	37.500	10.00	1.00	11		Vert	37.500	10	0.80	9		2		Ass.-vert	0.80	0.90	—	1
2	Arrosement avec une solution de sulfure de potassium dans de l'eau. (200 grammes de sulfure de potassium, et 16 litres d'eau.)	Ass.-vert	pas été pesé	»	0.39	2		»	0	»	»	1		1	Témoins morts ou mourants.	Ass.-vert	0.25	0.40	—	2
27	Sulfure de potassium introduit dans un trou pratiqué dans la tige. (3 grammes de sulfure de potassium.)	Ass.-vert	»	»	0.50	3		»	pas été pesé	»	0.40	4		1		»	»	»	—	»
29	Dépôt de chaux vive éteinte au pied des ceps. (2 kilogrammes 500 grammes de chaux vive.)	Vert	—	»	0.60	6		Ass.-vert	—	»	0.50	5		1		»	0.70	»	»	»
67	Fumure avec de la cendre de bois. (1/2 litre de cendres.)	Ass.-vert	61.00	10	0.90	9		Ass.-vert	49.00	10	0.80	8		1		Ass.-vert	0.70	0.80	»	»
76	Badigeonnage avec une solution de savon vert, de cristaux de soude dans de l'eau. (6 grammes de savon vert, 2 grammes de cristaux de soude, et 1/4 de litre d'eau.)	Ass.-vert	46.500	9	0.90	9		Ass.-vert	34.500	9	0.80	8		1		»	»	»	»	»
77	Fumure avec du fumier de ferme, des rognures de cuir et de la chaux. (5 kilogrammes de fumier, 1 kilogramme de rognures de cuir, 1/2 kilogramme de chaux.)	»	pas été pesé	»	0.40	4		»	pas été pesé	»	0.30	3		1	8 témoins et 7 ceps morts.	Ass.-vert	0.50	0.60	pas été pesé	1
58	Arrosement avec une décoction de camphre dans de l'eau, additionnée d'ammoniaque et de chaux. (10 grammes de camphre, un litre d'eau, 25 grammes d'ammoniaque, et 25 grammes de chaux.)	Vert	61.00	10.50	1.10	10		Vert	43.00	10	0.90	9		1		Ass.-vert	1.00	1.10	pas été pesé	1
89	Dépôt de naphtate potassique au pied des ceps, et arrosement avec un liquide particulier. (1/4 de litre de naphtate, et 6 litres du liquide.)	Ass.-vert	pas été pesé	»	0.36	3		pas été pesé	»	0.15	2			1	6 ceps traités sont morts.	Ass.-vert	0.35	0.35	pesé	1
7	Fumure avec du tourteau de sésame noir. (500 grammes de tourteau.)	Ass.-vert	pesé	»	0.60	6		Ass.-vert	pesé	»	0.60	6		[illegible]	8 ceps traités sont très affaiblis.	Ass.-vert	0.50	0.60	—	1
11	Arrosement avec de l'eau contenant de la suie, de la chaux, du sulfate de cuivre et du sulfate de fer. (10 litres d'eau, 1/2 litre de suie, 200 grammes de chaux, 100 grammes de sulfate de cuivre, 100 grammes de sulfate de fer.)	Ass.-vert	—	»	0.15	1		»	—	»	0.15	1		0		Ass.-vert	0.25	0.35	—	1
85	Semis de poussière de chaux sur le sol. (1/3 de litre par mètre carré.)	Ass.-vert	—	»	0.70	7		»	—	»	0.70	7		0		Ass.-vert	0.60	0.70	—	1

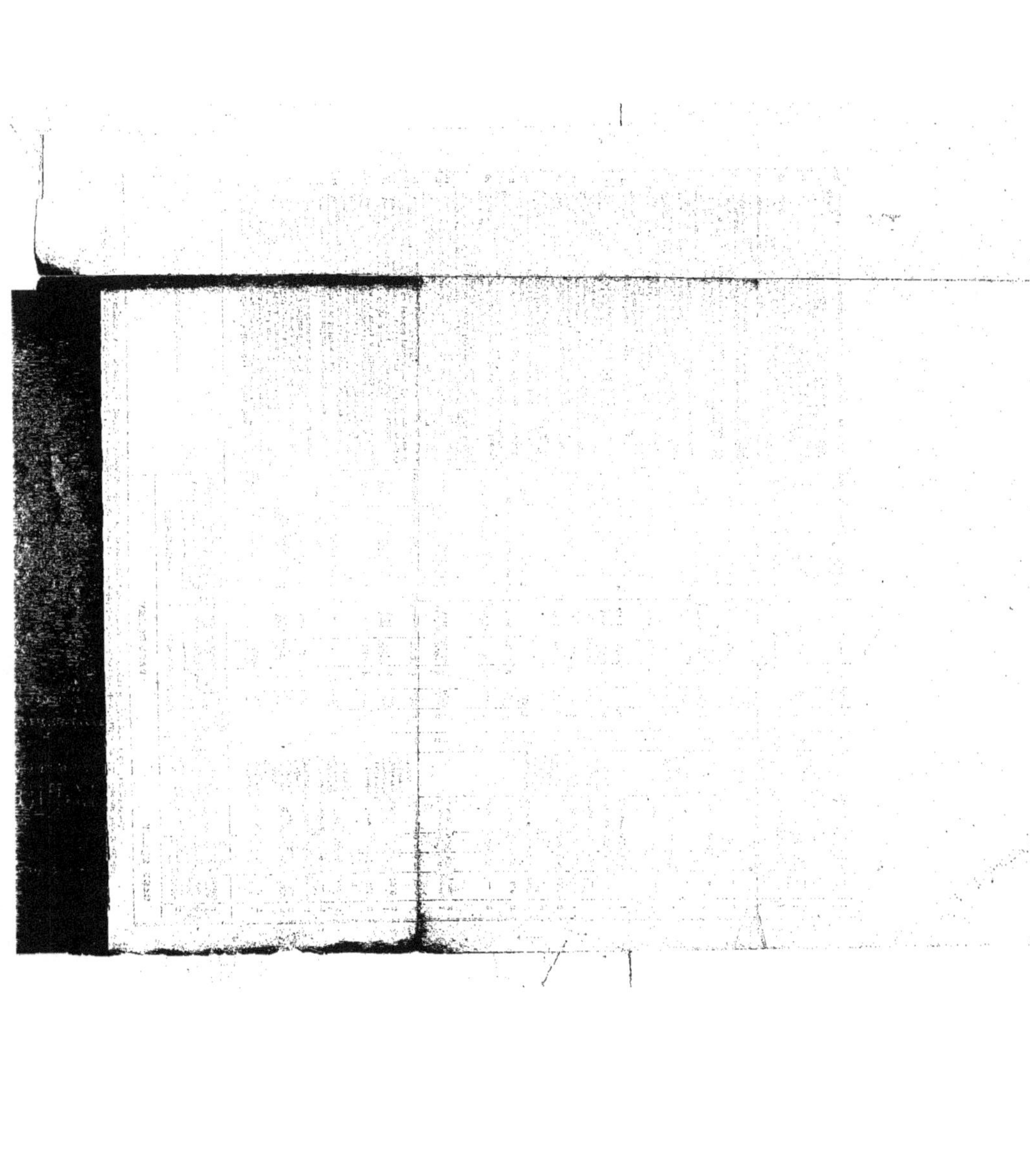

MESSAGER AGRICOLE

REVUE DES ASSOCIATIONS & DES INTÉRÊTS AGRICOLES

DU MIDI

Publié sous la direction de M. le Dr Fabre

Journal paraissant le 10 de chaque mois par livraisons de deux feuilles un quart au moins (soit 36 pages), grand in-8°, formant chaque année un beau volume de 400 à 500 pages.

Prix : 6 fr. par an

Les abonnements partent du numéro de janvier et ne se font pas sauf pour moins d'un an.

Le *Messager agricole* a commencé, avec le numéro du 10 janvier 1875, la seizième année de sa publication. Spécialement rédigé au point de vue de l'agriculture méridionale, avec le concours des agronomes les plus distingués de la région méditerranéenne, il s'occupe surtout de ses deux branches essentielles, la viticulture et la sériciculture. Depuis l'apparition du *Phylloxera*, notamment, il a reproduit ou mentionné tous les travaux de quelque valeur, toutes les indications un peu sérieuses, se rattachant à cette question aujourd'hui capitale. On ne trouverait nulle part ailleurs un pareil ensemble de documents.

COLLECTION DU MESSAGER AGRICOLE

Cette collection, aujourd'hui composée de quinze volumes, est l'encyclopédie la plus complète qui existe des théories et des faits intéressant les cultures du Midi.

On peut se la procurer au prix de 75 fr., prise au bureau. L'Administration cède également, au prix de 50 fr., la première période décennale (1860-1870). On peut aussi prendre des volumes isolés, mais le prix de chacun d'eux est alors élevé à 6 fr.